高职高专机电一体化专业规划教材

公差配合与技术测量

张淑娟　张瑞珊　主　编

王平嶂　车君华　副主编

清华大学出版社

北　京

内 容 简 介

本书为高职高专机电一体化技术及相关专业规划教材,按照教育部关于技术技能型人才培养的职业教育改革精神,结合作者多年来开展的公差配合与精度检测课程改革成果进行编写,本书采用项目化,任务化,内容更贴近我国高职高专学生实际的学习需要,突出能力和综合素质的培养。

本书分为六个项目,内容主要包括尺寸公差及配合、几何公差、表面粗糙度和测量、普通计量器具的选择和光滑极限量规、典型零件公差与检测、尺寸链基础。全书采用最新的国家标准,内容通俗易懂,版面新颖。

本书可作为高职高专院校机械类专业、机电类专业及相关专业的教学用书,也可作为中职学校,成人教育函授学校的教材,还可供从事机械设计、制造工艺、计量工作的企业工程技术人员参考。

本书配有免费的电子教学课件和习题参考答案。

本书封面贴有清华大学出版社防伪标签,无标签者不得销售。

版权所有,侵权必究。举报:010-62782989,beiqinquan@tup.tsinghua.edu.cn。

图书在版编目(CIP)数据

公差配合与技术测量/张淑娟,张瑞珊主编. —北京:清华大学出版社,2018(2024.7重印)
(高职高专机电一体化专业规划教材)
ISBN 978-7-302-48397-7

Ⅰ. ①公… Ⅱ. ①张… ②张… Ⅲ. ①公差—配合—高等职业教育—教材 ②技术测量—高等职业教育—教材 Ⅳ. ①TG801

中国版本图书馆 CIP 数据核字(2017)第 216421 号

责任编辑:梁媛媛　桑任松
装帧设计:王红强
责任校对:吴春华
责任印制:刘海龙

出版发行:清华大学出版社
网　　址:https://www.tup.com.cn, https://www.wqxuetang.com
地　　址:北京清华大学学研大厦 A 座　　　邮　编:100084
社 总 机:010-83470000　　　　　　　　邮　购:010-62786544
投稿与读者服务:010-62776969, c-service@tup.tsinghua.edu.cn
质量反馈:010-62772015, zhiliang@tup.tsinghua.edu.cn
课件下载:https://www.tup.com.cn, 010-62791865

印 装 者:涿州市般润文化传播有限公司
经　　销:全国新华书店
开　　本:185mm×260mm　　　印　张:10.5　　字　数:255 千字
版　　次:2018 年 1 月第 1 版　　印　次:2024 年 7 月第 4 次印刷
定　　价:30.00 元

产品编号:064149-01

前　言

　　"公差配合与技术测量"是机械类专业一门重要的技术基础课,是联系设计类课程和工艺类课程的纽带,是一门实践性很强的技术基础课。该课程的任务在于使学生获得机械技术人员必备的互换性与检测方面的基础知识和基本技能。

　　随着机械行业技术的快速发展,在教育部倡导的"以就业为导向,以能力为本位"的职业教育教学改革精神指引下,我们结合多年的工学结合经验,对公差配合与精度检测课程不断进行教学改革,教学内容采用项目化,充分体现以应用为目的,以够用为度的原则,以突出职业意识和职业能力培养为主线,精选教学内容,主要包括尺寸公差与配合,形位公差,表面粗糙度和测量,普通计量器具的选择和光滑极限量规,典型零件公差与检测,尺寸链基础等。

　　本书编写特色有以下几个方面。

　　按照实际岗位能力需要组织内容,机械类职业岗位对本课程的培养能力要求分为三方面(见下图),本书内容与此对应。

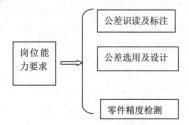

　　(1) 本书采用项目化,每个项目分几个任务模块,内容贴近生产实践和我国高职高专学生实际学习需求。

　　(2) 以企业真实的生产任务设计教学任务,将知识、技能及实用的技术贯穿于各教学项目中。

　　(3) 采用最新的国家标准,内容通俗易懂。

　　(4) 突出精度检测操作训练,以学做一体模式实现能力培养。

　　本书可作为高职院校相关专业教材,也可作为中职学校、成人教育函授学院等教材,还可供从事机械设计、制造工艺、计量等工作的企业工程技术人员参考。

　　本书可按 42～48 学时讲授,也可结合不同专业调整部分内容。本书共分为 6 个项目。本书由济南职业学院张淑娟、张瑞珊担任主编,具体分工如下:张淑娟编写绪论、项目三(表面粗糙度和测量)、项目四(普通计量器具的选择和光滑极限量规)、项目六(尺寸链基础);张瑞珊编写项目一(尺寸公差与配合)、项目二(几何公差),以及项目五(典型零件公差与检测);王平嶂和车君华负责课件及习题答案的制作。

　　本书在编写过程中得到济南职业学院领导的大力支持,由于作者水平有限,有错误和不当之处,请广大读者提出宝贵意见。

编　者

目 录

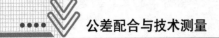

绪　　论

一、互换性及其意义

(一) 互换性

互换性是指在制成的同一规格的一批零部件中任取其一，无须进行任何挑选和修配就能装在机器(或部件)上，并能满足其使用性能要求的特性。

零部件具有的能够彼此互相替换的性能称为"互换性"。能够保证产品具有互换性的生产，称为遵守互换性原则的生产。

(二) 互换性的意义

互换性原则被广泛采用，因为它不仅对生产过程产生影响，而且还涉及产品的设计、使用、维修等各个方面。

1. 在设计方面

由于采用具有互换性的标准件、通用件，可使设计工作简化，缩短设计周期，并便于用计算机辅助设计。

2. 在制造方面

当零件具有互换性，可以采用分散加工、集中装配。这样有利于组织专业化协作生产，有利于使用现代化的工艺装备，有利于组织流水线和自动线等先进的生产方式。装配时，不需辅助加工和修配，既减轻工人的劳动强度，又缩短装配周期，还可使装配工作按流水作业方式进行。从而保证产品质量，提高劳动生产率和经济效益。

3. 在使用、维修方面

在使用、维修方面，互换性也有其重要意义。当机器的零件突然损坏或按计划定期更换时，便可在最短时间内用备件加以替换，从而提高了机器的利用率和延长了机器的使用寿命。

4. 在其他方面

例如，战场上使用的武器，保证零(部)件的互换性是绝对必要的。在这些场合，互换性所起的作用很难用价值来衡量。

二、互换性的分类

按互换程度分类，互换性可以分为以下两类。

1. 完全互换(绝对互换)

若一批零部件在装配时，不需要挑选、调整或修配，装配后即能满足产品的使用要求，则这些零部件属于完全互换。

2. 不完全互换(相对互换)

当装配精度要求很高时，若采用完全互换将使零件的尺寸公差很小，加工困难，成本很高，甚至无法加工，则可采用不完全互换进行生产。例如，分组互换就属于不完全互换。将其制造公差适当放大，以便于加工。在完工后，再用测量仪器将零件按实际尺寸大小分组，按组进行装配。如此，既保证装配精度与使用要求，又降低成本。此时，仅是组内零件可以互换，组与组之间不可互换，因此，叫分组互换。

三、机械零件的加工误差、公差

为了满足互换性要求，最理想的是同一规格的零部件的几何参数做得完全一样。由于任何零件都要经过加工的过程，无论设备的精度和操作工人的技术水平多么高，要使加工零件的尺寸、形状和位置关系做到绝对准确，是不可能的。实际上，只要将同规格的零部件的几何参数控制在一定的范围内就能达到互换的目的。也就是说，要使零件具有互换性，就应按"公差"制造。

(一) 机械加工误差

1. 加工精度和加工误差的概念

(1) 加工精度：是指机械加工后，零件几何参数(尺寸、几何要素的形状和相互位置、轮廓的微观不平程度等)的实际值与设计理想值相符合的程度。

(2) 加工误差：是指实际几何参数对其设计理想值的偏离程度，加工误差越小，加工精度越高。加工误差是由工艺系统的诸多误差因素所产生的。如加工方法的原理误差，工件装卡定位误差，夹具、刀具的制造误差与磨损，机床的制造、安装误差与磨损，机床、刀具的误差，切削过程中的受力、受热变形和摩擦振动，还有毛坯的几何误差及加工中的测量误差等。

2. 机械加工误差的几种类型

机械加工误差主要有以下几类。

1) 尺寸误差

尺寸误差是指零件加工后的实际尺寸对理想尺寸的偏离程度。

2) 形状误差

形状误差是指加工后零件的实际表面形状对于其理想形状的差异(或偏离程度)，如圆度、直线度等。

3) 位置误差

位置误差是指加工后零件的表面、轴线或对称平面之间的相互位置对于其理想位置的差异(或偏离程度)，如同轴度、位置度等。

4) 表面微观不平度

表面微观不平度是指加工后的零件表面上由较小间距和峰谷所组成的微观几何形状误差。零件表面微观不平度用表面粗糙度的评定参数值表示。

(二) 几何量公差

几何量公差是实际几何参数值允许的变动范围。公差规范限制了误差，体现出产品精度的保证。

精度设计是指为了控制加工误差，满足零件功能要求，设计者根据机械产品的使用要求经济合理地提出相应的公差要求，以便将加工误差限定在一定的范围内，从而能够保证产品装配后正常工作，这些要求通过零件图样，用几何量公差的标注形式给出。

相对于各类加工误差，几何量公差分为尺寸公差、形位公差和表面粗糙度及典型零件特殊几何参数的公差等。

四、标准与标准化

(一) 标准

标准是对重复性事物和概念所做的统一规定，它以科学、技术和实践经验的综合成果为基础，经有关方面协商一致，由主管机构批准，以特定形式发布，作为共同遵守的准则和依据。

(二) 标准化

标准化是指在经济、技术、科学及管理等社会实践中，对重复性事物和概念通过制定、发布和实施标准达到统一，以获得最佳秩序和社会效益的全部活动过程。简而言之，标准化是指制定、贯彻标准的全过程，它是实现互换性的前提。

(三) 标准的分类

在国际上，为了促进世界各国在技术上的统一，成立了国际标准化组织(简称 ISO)和国际电工委员会(简称 IEC)，由这两个组织负责制定和颁发国际标准。我国于 1978 年恢复参加 ISO 组织后，陆续修订了自己的标准。修订的原则是：在立足我国生产实际的基础上向 ISO 靠拢，以利于加强我国在国际上的技术交流和产品互换。

标准按不同的级别颁发。我国标准分为国家标准、行业标准、地方标准和企业标准。对需要在全国范围内统一的技术要求，应当制定国家标准，代号为 GB，对没有国家标准而又需要在全国某个行业范围内统一的技术要求，可制定行业标准，如机械标准(JB)等；对没有国家标准和行业标准而又需要在某个范围内统一的技术要求，可制定地方标准或企业标准，它们的代号分别用 DB、QB 表示。

五、优先数和优先数系

在产品设计和制定技术标准时，涉及很多技术参数，这些技术参数在生产各环节中往往不是孤立的。当选定一个数值作为某产品的参数指标后，这个数值就会按一定的规律向一切相关的制品、材料等的有关参数指标传播扩散。例如，螺孔的直径确定后，会传播到螺钉的直径上，也会传播到加工这些的螺纹的刀具、丝锥和扳牙上，还会传播到螺钉的尺寸、加工螺孔的钻头的尺寸以及检测这些螺纹的量具及装配在它们的工具上，如图 0-1 所示。

国家标准《优先数和优先数系》(GB/T 321—2005/ISO 3:1973)规定的优先数系是由公比为 q_5、q_{10}、q_{20}、q_{40}、q_{80}，且项值中含有 10 的整数幂的理论等比数列导出的一组近似等比的数列。

其中，R5、R10、R20、R40 四个系列是优先数系中的常用系列，称为基本系列，见表 0-1。R80 为补充系列，仅用于分级很细的特殊场合。

本课程所涉及的有关标准里，如尺寸分段、公差分级及表面粗糙度的参数系列等，基本上采用优先数系。

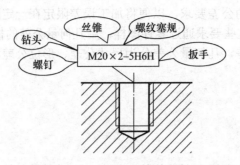

图 0-1　螺孔及相关产品

表 0-1　优先数系的基本系列

R5	R10	R20	R40	R5	R10	R20	R40	R5	R10	R20	R40
1.00	1.00	1.00	1.00			2.24	2.24		5.00	5.00	5.00
			1.06				2.36				5.30
		1.12	1.12	2.50	2.50	2.50	2.50			5.60	5.60
			1.18				2.65				6.00
	1.25	1.25	1.25			2.80	2.80	6.30	6.30	6.30	6.30
			1.32				3.00				6.70
		1.40	1.40		3.15	3.15	3.15			7.10	7.10
			1.50				3.35				7.50
1.60	1.60	1.60	1.60			3.55	3.55		8.00	8.00	8.00
			1.70				3.75				8.50
		1.80	1.80	4.00	4.00	4.00	4.00			9.00	9.00
			1.90				4.25	10.00	10.00	10.00	10.00
	2.00	2.00	2.00			4.50	4.50				
			2.12				4.75				

六、技术检测

零件加工后能否满足精度要求要通过检测加以判断，因此检测是产品达到精度要求的技术保证。

检测是检验和测量的统称。几何量的检验是指确定所加工零件的几何参数是否在规定的极限范围内，并做出合格与否的判断，而不必得出被测量值的具体数值；测量是将被测几何量与作为计量单位的标准量进行比较，以确定其具体数值的过程。

检测是机械制造的"眼睛"。因此，产品质量的提高，除设计和加工精度的提高外，往往更有赖于检测精度的提高。所以，合理地确定公差与正确进行检测，是保证产品质量、实现互换性生产的两个必不可少的条件和手段。

课 程 要 求

学生在学完本课程后应达到下列要求。

(1) 掌握与标准化和互换性相关的基本概念、基本理论和原则。

(2) 基本掌握本课程中几何量公差标准的主要内容、特点和应用原则。

(3) 初步学会根据机器和零件的功能要求，选用几何量公差与配合。

(4) 学会查阅工具书，如手册、标准等，能够熟练查、用本课程介绍的公差表格，并能正确选用及标注。

(5) 熟悉各种典型几何量的检测方法，初步学会常用计量器具的读数原理及使用方法。

(6) 初步具有公差设计及精度检测的基本能力。

思 考 题

0-1 什么是互换性？互换性的意义有哪些？

0-2 互换性按互换的程度分为哪几类？

0-3 什么叫加工误差、几何量的公差？

0-4 什么是标准和标准化？

项目一 尺寸公差与配合

- 了解孔轴公差与配合的基本术语及定义。
- 掌握标准公差与基本偏差的确定方法。
- 学会尺寸公差的标注与配合的选择。

能力目标

- 能读懂机械图纸中的尺寸和偏差。
- 熟练查取标准公差和基本偏差表格，并根据标注进行相关计算。
- 能够进行简单零件的精度设计。

任务一 尺寸公差与配合的标注和识读

要实现零件的互换性，除统一其结构和尺寸外，还应统一规定公差与配合，这是保证互换性的基本措施之一。完工的零件和产品是否在一定的范围要求之内，要靠正确的测量检验来保证。机械图纸的识读，不仅要能读懂零件的外形特征，更能深刻体会零件尺寸所包含的深层次要求。

任务导入

无论零件简单还是复杂，总有一些尺寸要求。随着加工技术的日新月异，用户对零件不仅从外形上，更是从精度指标上提出了更高要求。要想进行设计加工，机械图纸是关键，能够读懂图纸的要求，才能进行正确的设计与加工。该项任务学习完成之后，要求能够解决以下问题。

(1) 阶梯轴如图 1-1(a)所示，该零件标注 $\phi40H7({}^{+0.025}_{0})$ 和 $\phi25h6({}^{0}_{-0.013})$ 表达的意思是什么？

(2) 图 1-1(b)中 $\phi45\dfrac{H6}{f5}$ 表达的意思是什么？

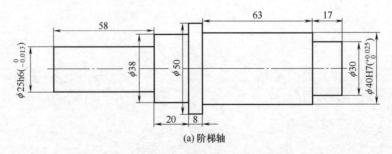

(a) 阶梯轴

图 1-1 阶梯轴与孔轴装配

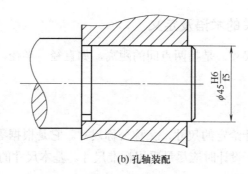

(b) 孔轴装配

图 1-1　阶梯轴与孔轴装配(续)

任务分析

如图 1-1 所示的零件图本身就是一个结构很简单的阶梯轴，但是，除了长度尺寸外，有些尺寸并不是由单一的数据组成。字母以及数字的组合有特殊的含义。要理解这些深层含义，还需要了解一些与尺寸公差相关的一系列术语。

理论知识

一、基本术语

(一) 孔和轴的定义

1. 孔

孔是指工件圆柱形内表面(也包括非圆柱形内表面)，其尺寸如图 1-2 所示。孔为包容面，尺寸越加工越大。

2. 轴

轴是指工件圆柱形外表面(也包括非圆柱形外表面)，其尺寸如图 1-3 所示。轴为被包容面，尺寸越加工越小。

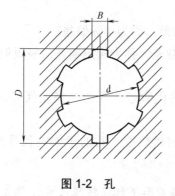

图 1-2　孔

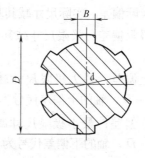

图 1-3　轴

孔、轴的含义是广义的，因此，在配合关系中，不仅应用于圆柱内、外表面的配合，同样也适用于非圆柱内、外表面的配合。

(二) 与尺寸相关的术语及定义

尺寸，又称线性尺寸，是指两点间的距离，如直径、半径、高度、中心距等单位为毫米(mm)。

1. 基本尺寸

基本尺寸是指设计给定的尺寸，又称公称尺寸。它是根据零件的强度、刚度、结构和工艺性等要求确定的。设计时应尽量采用标准尺寸。基本尺寸的代号：孔用 D 表示，轴用 d 表示。

2. 实际尺寸

实际尺寸是指通过测量所得的尺寸。由于存在测量误差，所以实际尺寸并非尺寸的真值。同时由于形状误差等影响，零件同一表面不同部位的实际尺寸往往是不等的。实际尺寸的代号：孔用 D_a 表示，轴用 d_a 表示。

3. 极限尺寸

极限尺寸是指允许尺寸变化的两个界限值。两个极限尺寸中较大的一个称最大极限尺寸，孔用 D_{max} 表示，轴用 d_{max} 表示。较小的一个称最小极限尺寸，孔用 D_{min} 表示，轴用 d_{min} 表示。

提示： 判断零件是否合格的条件是：零件的实际尺寸应控制在两极限尺寸之间。

$$D_{max} \geqslant D_a \geqslant D_{min}$$
$$d_{max} \geqslant d_a \geqslant d_{min}$$

(三) 与偏差和公差相关的术语及定义

1. 尺寸偏差

某一尺寸减其基本尺寸所得的代数差，称为尺寸偏差，简称偏差。其值可取正、负、零。偏差又可分为实际偏差和极限偏差两类。

(1) 实际偏差。实际尺寸减其基本尺寸所得的代数差，称为实际偏差。

(2) 极限偏差。极限尺寸减其基本尺寸所得的代数差，称为极限偏差。极限偏差又有以下两种。

① 上偏差：最大极限尺寸减其基本尺寸所得的代数差。孔的上偏差代号为 ES，$ES = D_{max} - D$，轴的上偏差代号为 es，$es = d_{max} - d$。

② 下偏差：最小极限尺寸减其基本尺寸所得的代数差。孔的下偏差代号为 EI，$EI = D_{min} - D$，轴的下偏差代号为 ei，$ei = d_{min} - d$。

提示： 为方便起见，通常在图样上标注上下偏差而不标注极限尺寸。偏差可以为正、负或零值。

2. 尺寸公差

允许尺寸的变动量，称为尺寸公差，简称公差。以代号 T 表示。公差等于最大极限尺寸与最小极限尺寸的代数差，也等于上偏差与下偏差的代数差。公差总为正值。

孔公差：$T_h = D_{max} - D_{min} = ES - EI$

轴公差：$T_s = d_{max} - d_{min} = es - ei$

关于尺寸、公差与偏差的概念可用如图1-4所示的公差与配合示意图表示。

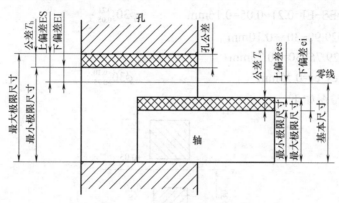

图1-4　公差与配合示意图

3. 公差带

在分析公差与配合时，需要作图。但因公差数值与尺寸数值相差甚远，不便用同一比例。 因此，在作图时，只画出放大的孔和轴的公差图形，这种图形称为公差带图，也称为公差与配合图解。尺寸公差带图由零线、公称尺寸、尺寸公差带(简称公差带)、极限偏差、公差值等有关符号数字组成，它真实地反映出公称尺寸、极限尺寸、极限偏差及公差之间的关系，如图 1-5 所示。公差带是由代表上、下极限偏差或极限尺寸的两条直线所限定的区域。公差带一般水平绘制，在垂直于零线方向上的宽度为公差值，两条直线距离零线的距离为极限偏差值，沿零线方向的长度没有限制要求。在公差带图中极限偏差以 mm 为单位可以不注出单位。公差带的大小，即公差带的宽度由公差值确定；公差带的位置，即相对于零线的距离由基本偏差确定。

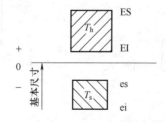

图1-5　公差带图

基本偏差是在确定公差带相对零线位置的那个极限偏差，可以是上极限偏差也可以是下极限偏差，一般为距离零线较近的那个极限偏差，其单位一般为μm 或 mm。当公差带在零线上方时，基本偏差为下极限偏差；当公差带在零线下方时，基本偏差为上极限偏差；

公差带跨零线分布时，基本偏差为极限偏差中绝对值较小者。

例 1-1 基本尺寸为 $\phi 30$ 的孔和轴。孔的最大极限尺寸为 $\phi 30.21$mm，孔的最小极限尺寸为 $\phi 30.05$mm。轴的最大极限尺寸为 $\phi 29.90$mm，轴的最小极限尺寸为 $\phi 29.75$mm。

求：(1)ES、EI、es、ei；(2)T_h、T_s；(3)作公差带图，写出基本偏差；(4)标注出孔、轴基本尺寸和上、下偏差。

解：孔：ES=30.21-30=+0.21mm

EI=30.05-30=+0.05 mm

T_h=ES-EI=0.21-0.05=0.16mm　　　　　$\phi 30^{+0.21}_{+0.05}$

轴：es=29.90-30=-0.10mm

ei=29.75-30=-0.25mm

T_s=es-ei=0.15mm　　　　　$\phi 30^{-0.10}_{-0.25}$

因此，公差带图如下：

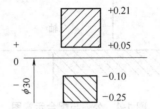

任务实施

如图 1-1 所示，该零件标注中 $\phi 40H7(^{+0.025}_{\ \ 0})$ 和 $\phi 25h6(^{\ \ 0}_{-0.013})$ 表达的意思是：

(1) 此标注为孔和轴的尺寸公差标注；

(2) 其基本尺寸为孔：$D=\phi 40$mm；轴 $d=\phi 25$mm；

(3) 孔：上偏差 ES=+0.025mm，下偏差 EI=0mm，

　　轴：上偏差 es=0mm，下偏差 ei=-0.013mm；

(4) 孔的公差为 T_h=0.025mm；轴的公差为 T_s=0.013mm；

(5) 孔的最大极限尺寸是 D_{max}=40.025mm，最小极限尺寸是 D_{min}=40mm，轴的最大极限尺寸是 d_{max}=25mm，最小极限尺寸是 d_{min}=24.987mm。

(6) 其公差带图如下：

(四) 与配合相关的术语及定义

1. 配合

配合是指基本尺寸相同的相互结合的孔轴公差带之间的关系。这种关系决定着配合的松紧程度，而松紧程度是用间隙和过盈来描述的。

2. 间隙或过盈

在孔与轴的配合中，孔的尺寸减去轴的尺寸所得的代数差称为间隙或过盈。当差值为正时是间隙，用 X 表示。当差值为负时是过盈，用 Y 表示。配合按其出现间隙或过盈的不同分为间隙配合、过盈配合和过渡配合。

(1) 间隙配合。对于一批孔、轴，任取其中一对相配，具有间隙(包括最小间隙等于零)的配合，称为间隙配合。此时，孔的公差带完全在轴的公差带之上，如图 1-6 所示。

最大间隙：$X_{\max} = D_{\max} - d_{\min} = \text{ES} - \text{ei}$

最小间隙：$X_{\min} = D_{\min} - d_{\max} = \text{EI} - \text{es}$

平均间隙：$X_{\text{av}} = (X_{\max} + X_{\min})/2$

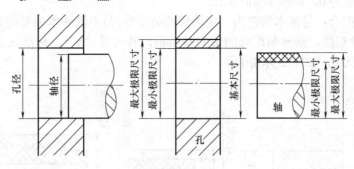

图 1-6　间隙配合

(2) 过盈配合。对于一批孔、轴，任取其中一对相配，具有过盈(包括最小过盈等于零)的配合，称为过盈配合。此时，孔的公差带完全在轴的公差带之下，如图 1-7 所示。

最小过盈：$Y_{\min} = D_{\max} - d_{\min} = \text{ES} - \text{ei}$

最大过盈：$Y_{\max} = D_{\min} - d_{\max} = \text{EI} - \text{es}$

平均过盈：$Y_{\text{av}} = (Y_{\max} + Y_{\min})/2$

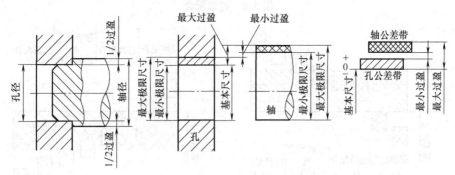

图 1-7　过盈配合

(3) 过渡配合。基本尺寸相同的孔与轴结合时，孔与轴之间可能出现间隙，也可能出现过盈的配合称为过渡配合。它的特点是：孔的实际尺寸可能大于、也可能小于轴的实际尺寸，孔与轴的公差带相互交叠，如图 1-8 所示。

最大间隙：$X_{\max} = D_{\max} - d_{\min} = \text{ES} - \text{ei}$

最大过盈：$Y_{max} = D_{max} - d_{min} = ES - es$

平均间隙(过盈)：$X_{av}(Y_{av}) = 1/2(X_{max} + Y_{max})$

3. 基准制(配合制)

基准制(配合制)是指同一极限制的孔和轴组成配合的一种制度。由于国家标准规定了 28 种基本偏差和 20 个等级的标准公差后对给定基本尺寸的孔或轴就可以形成大量的公差带。如果任意选配,情况变化极多,这样不便于零件的设计与制造。为此,国家标准规定了配合制,它分为基孔制配合和基轴制配合。

(1) 基孔制配合：是基本偏差为一定的孔的公差带,与不同基本偏差的轴的公差带形成各种配合的一种制度。基孔制配合的孔为基准孔,其代号为"H"。标准规定的基准孔的基本偏差(下偏差)为 0, 如图 1-9(a)所示。

(2) 基轴制配合：是基本偏差为一定的轴的公差带,与不同基本偏差的孔的公差带形成各种配合的一种制度。基轴制配合的轴为基准轴,其代号"h"。标准规定的基准轴的基本偏差(上偏差)为 0, 如图 1-9(b)所示。

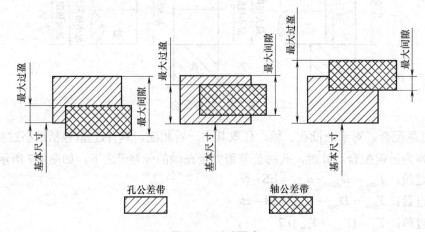

图 1-8　过渡配合

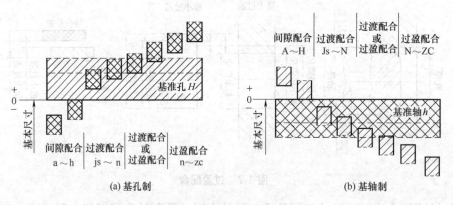

(a) 基孔制　　　　　　　　　　　　(b) 基轴制

图 1-9　基孔制与基轴制

二、标准公差与基本偏差的国标规定

公差与配合国家标准是确定光滑圆柱体零件尺寸公差与配合的依据，也适用于其他光滑表面和相应结合尺寸的公差与配合,如花键外径等的配合。它的基本结构是由"标准公差系列"和"基本偏差系列"组成的,前者确定公差带的大小,后者确定公差带的位置。两者结合构成不同的孔、轴公差带,而孔、轴公差带之间的不同相互位置又组成不同松紧程度的配合。同时,在此基础上,规定了一定数量的孔、轴公差带及具有一定间隙或过盈的配合,以实现互换性和满足各种使用要求。

(一) 标准公差系列

在公差与配合国家标准《极限与配合 基础 第 3 部分:标准公差和基本偏差数值表》(GB/T 1800.3—1998)中所列出的,用以确定公差带大小的任一公差,称为标准公差,用 IT 表示。它是依据基本尺寸和公差等级确定的。

1. 公差单位(μm)(mm)

公差单位是计算标准公差的基本单位,是制定标准公差系列的基础。生产实践表明,对同一精度概念来说,基本尺寸大,公差相应也大。因此,不能单从公差大小来判断工件尺寸精度的高低。应用公差单位来确定尺寸精度的高低。

2. 公差等级

为了将公差数值标准化,以减少量具和刀具的规格,同时又能满足各种机器所需的不同精度要求,国家标准 GB/T 1800.3—1998 将公差值划分为 01,0,1,…,18 等 20 个公差等级,其相应的标准公差代号为 IT01,IT0,IT1,…,IT18,其中,01 级精度最高,18 级精度最低。

3. 标准公差数值

标准公差数值见表 1-1。

4. 尺寸分段

为了减少公差值的数目,统一公差值,简化表格,便于应用,国家标准对基本尺寸进行了分段。尺寸分段后,对同一尺寸分段内所有基本尺寸,在公差等级相同的情况下,规定相同的标准公差。公差等级相同,基本尺寸相同或在同一尺寸分段内孔公差和轴公差是相等的。

表 1-1 标准公差数值(摘自 GB/T 1800.3—1998)

基本尺寸		公 差 值														
		IT4	IT5	IT6	IT7	IT8	IT9	IT10	IT11	IT12	IT13	IT14	IT15	IT16	IT17	IT18
大于	到	μm								mm						
—	3	3	4	6	10	14	25	40	60	0.10	0.14	0.25	0.40	0.60	1.0	1.4
3	6	4	5	8	12	18	30	48	75	0.12	0.18	0.30	0.48	0.75	1.2	1.8
6	10	4	6	9	15	22	36	58	90	0.15	0.22	0.36	0.58	0.90	1.5	2.2
10	18	5	8	11	18	27	43	70	110	0.18	0.27	0.43	0.70	1.10	1.8	2.7
18	30	6	9	13	21	33	52	84	130	0.21	0.33	0.52	0.84	1.30	2.1	3.3
30	50	7	11	16	25	39	62	100	160	0.25	0.39	0.62	1.00	1.60	2.5	3.8
50	80	8	13	19	30	46	74	120	190	0.30	0.46	0.74	1.20	1.90	3.0	4.6

基本尺寸		公 差 值															
		IT4	IT5	IT6	IT7	IT8	IT9	IT10	IT11	IT12	IT13	IT14	IT15	IT16	IT17	IT18
大于	到	μm								mm						
80	120	10	15	22	35	54	87	140	220	0.35	0.54	0.87	1.40	2.20	3.5	5.4
120	180	12	18	25	40	63	100	160	250	0.40	0.63	1.00	1.60	2.50	4.0	6.3
180	250	14	20	29	46	72	115	185	290	0.46	0.72	1.15	1.85	2.90	4.6	7.2
250	315	16	23	32	52	81	130	210	320	0.52	0.81	1.30	2.10	3.20	5.2	8.1
315	400	18	25	36	57	89	140	230	360	0.57	0.89	1.40	2.30	3.60	5.7	8.9
400	500	20	27	40	63	97	155	250	400	0.63	0.97	1.55	2.50	4.00	6.3	9.7

注：基本尺寸小于 1mm 时，无 IT14 至 IT18。

（二）基本偏差系列

1. 基本偏差的概念

标准规定孔和轴各 28 种公差带位置，分别由 28 个基本偏差来确定。基本偏差代号用拉丁字母及其顺序表示。大写表示孔，小写表示轴。单写字母 21 个，双写字母 7 个。由图 1-10 可知，公差带一端固定，一端自由，基本偏差仅决定了公差带的一个极限偏差，另一个极限偏差则由公差等级决定。

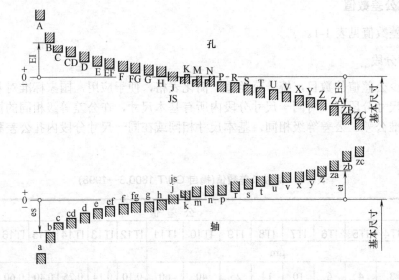

图 1-10 基本偏差系列

2. 基本偏差数值

孔、轴的基本偏差存在着一定的分布规律，其具体数值可根据公称尺寸和基本偏差代号由表 1-2、表 1-3 所列孔、轴的基本偏差值表查取。国家标准中规定的标准公差值、基本偏差值都是在标准参考温度 20℃下的数值。

表1-2 轴的基本偏差值(摘自 GB/T 1800.1—2009)

基本偏差数值(单位:μm)

上极限偏差(es)（所有标准公差等级） | 下极限偏差(ei)（所有标准公差等级）

js 列：偏差 = ±IT$_n$/2（式中 IT$_n$ 是 IT 值数）

公称尺寸/mm 大于	至	a	b	c	cd	d	e	ef	f	fg	g	h	js	j(IT5和IT6)	j(IT7)	j(IT8)	k(IT4~IT7)	k(≤IT3、>IT7)	m	n	p	r	s	t	u	v	x	y	z	za	zb	zc
—	3	-270	-140	-60	-34	-20	-14	-10	-6	-4	-2	0	±IT$_n$/2	-2	-4	-6	0	0	+2	+4	+6	+10	+14		+18		+20		+26	+32	+40	+60
3	6	-270	-140	-70	-46	-30	-20	-14	-10	-6	-4	0		-2	-4		+1	0	+4	+8	+12	+15	+19		+23		+28		+35	+42	+50	+80
6	10	-280	-150	-80	-56	-40	-25	-18	-13	-8	-5	0		-2	-5		+1	0	+6	+10	+15	+19	+23		+28		+34		+42	+52	+67	+97
10	14	-290	-150	-95		-50	-32		-16		-6	0		-3	-6		+1	0	+7	+12	+18	+23	+28		+33		+40		+50	+64	+90	+130
14	18	-290	-150	-95		-50	-32		-16		-6	0		-3	-6		+1	0	+7	+12	+18	+23	+28		+33	+39	+45		+60	+77	+108	+150
18	24	-300	-160	-110		-65	-40		-20		-7	0		-4	-8		+2	0	+8	+15	+22	+28	+35		+41	+47	+54	+63	+73	+98	+136	+188
24	30	-300	-160	-110		-65	-40		-20		-7	0		-4	-8		+2	0	+8	+15	+22	+28	+35	+41	+48	+55	+64	+75	+88	+118	+160	+218
30	40	-310	-170	-120		-80	-50		-25		-9	0		-5	-10		+2	0	+9	+17	+26	+34	+43	+48	+60	+68	+80	+94	+112	+148	+200	+274
40	50	-320	-180	-130		-80	-50		-25		-9	0		-5	-10		+2	0	+9	+17	+26	+34	+43	+54	+70	+81	+97	+114	+136	+180	+242	+325
50	65	-340	-190	-140		-100	-60		-30		-10	0		-7	-12		+2	0	+11	+20	+32	+41	+53	+66	+87	+102	+122	+144	+172	+226	+300	+405
65	80	-360	-200	-150		-100	-60		-30		-10	0		-7	-12		+2	0	+11	+20	+32	+43	+59	+75	+102	+120	+146	+174	+210	+274	+360	+480
80	100	-380	-220	-170		-120	-72		-36		-12	0		-9	-15		+3	0	+13	+23	+37	+51	+71	+91	+124	+146	+178	+214	+258	+335	+445	+585
100	120	-410	-240	-180		-120	-72		-36		-12	0		-9	-15		+3	0	+13	+23	+37	+54	+79	+104	+144	+172	+210	+256	+310	+400	+525	+690
120	140	-460	-260	-200		-145	-85		-43		-14	0		-11	-18		+3	0	+15	+27	+43	+63	+92	+122	+170	+202	+248	+300	+365	+470	+620	+800
140	160	-520	-280	-210		-145	-85		-43		-14	0		-11	-18		+3	0	+15	+27	+43	+65	+100	+134	+190	+228	+280	+340	+415	+535	+700	+900
160	180	-580	-310	-230		-145	-85		-43		-14	0		-11	-18		+3	0	+15	+27	+43	+68	+108	+146	+210	+252	+310	+380	+465	+600	+780	+1000
180	200	-660	-340	-240		-170	-100		-50		-15	0		-13	-21		+4	0	+17	+31	+50	+77	+122	+166	+236	+284	+350	+425	+520	+670	+880	+1150
200	225	-740	-380	-260		-170	-100		-50		-15	0		-13	-21		+4	0	+17	+31	+50	+80	+130	+180	+258	+310	+385	+470	+575	+740	+960	+1250
225	250	-820	-420	-280		-170	-100		-50		-15	0		-13	-21		+4	0	+17	+31	+50	+84	+140	+196	+284	+340	+425	+520	+640	+820	+1050	+1350
250	280	-920	-480	-300		-190	-110		-56		-17	0		-16	-26		+4	0	+20	+34	+56	+94	+158	+218	+315	+385	+475	+580	+710	+920	+1200	+1500
280	315	-1050	-540	-330		-190	-110		-56		-17	0		-16	-26		+4	0	+20	+34	+56	+98	+170	+240	+350	+425	+525	+650	+790	+1000	+1300	+1700
315	355	-1200	-600	-360		-210	-125		-62		-18	0		-18	-28		+4	0	+21	+37	+62	+108	+190	+268	+390	+475	+590	+730	+900	+1150	+1500	+1900
355	400	-1350	-680	-400		-210	-125		-62		-18	0		-18	-28		+4	0	+21	+37	+62	+114	+208	+294	+435	+530	+660	+820	+1000	+1300	+1650	+2100
400	450	-1500	-760	-440		-230	-135		-68		-20	0		-20	-32		+5	0	+23	+40	+68	+126	+232	+330	+490	+595	+740	+920	+1100	+1450	+1850	+2400
450	500	-1650	-840	-480		-230	-135		-68		-20	0		-20	-32		+5	0	+23	+40	+68	+132	+252	+360	+540	+660	+820	+1000	+1250	+1600	+2100	+2600
500	560					-260	-145		-76		-22	0					0	0	+26	+44	+78	+150	+280	+400	+600							
560	630					-260	-145		-76		-22	0					0	0	+26	+44	+78	+155	+310	+450	+660							

续表

公称尺寸/mm		基本偏差数值（单位：μm）																														
		上极限偏差(es) 所有标准公差等级																		下极限偏差(ei) 所有标准公差等级												
大于	至	a	b	c	cd	d	e	ef	f	fg	g	h	js	j (IT5和IT6)	j (IT7)	j (IT8)	k (IT4至IT7)	k (≤IT3, >IT7)	m	n	p	r	s	t	u	v	x	y	z	za	zb	zc
630	710					-290	-160		-80		-24	0						0	+30	+50	+88	+175	+340	+500	+740							
710	800					-290	-160		-80		-24	0						0	+30	+50	+88	+185	+380	+560	+840							
800	900					-320	-170		-86		-26	0						0	+34	+56	+100	+210	+430	+620	+940							
900	1000					-320	-170		-86		-26	0						0	+34	+56	+100	+220	+470	+680	+1050							
1000	1120					-350	-195		-98		-28	0						0	+40	+66	+120	+250	+520	+780	+1150							
1120	1250					-350	-195		-98		-28	0						0	+40	+66	+120	+260	+580	+840	+1300							
1250	1400					-390	-220		-110		-30	0						0	+48	+78	+140	+300	+640	+940	+1450							
1400	1600					-390	-220		-110		-30	0						0	+48	+78	+140	+330	+720	+1050	+1600							
1600	1800					-430	-240		-120		-32	0						0	+58	+92	+170	+370	+820	+1200	+1850							
1800	2000					-430	-240		-120		-32	0						0	+58	+92	+170	+400	+920	+1350	+2000							
2000	2240					-480	-260		-130		-34	0						0	+68	+110	+195	+440	+1000	+1500	+2300							
2240	2500					-480	-260		-130		-34	0						0	+68	+110	+195	+460	+1100	+1650	+2500							
2500	2800					-520	-290		-145		-38	0						0	+76	+135	+240	+550	+1250	+1900	+2900							
2800	3150					-520	-290		-145		-38	0						0	+76	+135	+240	+580	+1400	+2100	+3200							

注：公称尺寸小于或等于 1mm 时，基本偏差 a 和 b 均不采用。公差带 js7～js11，若 IT_n 值数是奇数，则取偏差 $= \pm \dfrac{IT_n - 1}{2}$。

表 1-3　孔的基本偏差值(摘自 GB/T 1800.1—2009)

基本偏差数值 (单位: μm)

下极限偏差(EI) — 所有标准公差等级；上极限偏差(ES)。JS 栏：偏差 = ±ITn/2 (式中 ITn 是 IT 值数)。P 至 ZC (≤IT7) 栏：在大于 IT7 的相应数值上增加一个 Δ值。

公称尺寸/mm 大于	至	A	B	C	CD	D	E	EF	F	FG	G	H	J IT6	J IT7	J IT8	K ≤IT8	K >IT8	M ≤IT8	M >IT8	N ≤IT8	N >IT8	P	R	S	T	U	V	X	Y	Z	ZA	ZB	ZC	Δ IT3	IT4	IT5	IT6	IT7	IT8
—	3	+270	+140	+60	+34	+20	+14	+10	+6	+4	+2	0	+2	+4	+6	0	0	-2	-2	-4	-4	-6	-10	-14		-18		-20		-26	-32	-40	-60	0	0	0	0	0	0
3	6	+270	+140	+70	+46	+30	+20	+14	+10	+6	+4	0	+5	+6	+10	-1+Δ	0	-4+Δ	-4	-8+Δ	0	-12	-15	-19		-23		-28		-35	-42	-50	-80	1	1.5	1	3	4	6
6	10	+280	+150	+80	+56	+40	+25	+18	+13	+8	+5	0	+5	+8	+12	-1+Δ	0	-6+Δ	-6	-10+Δ	0	-15	-19	-23		-28		-34		-42	-52	-67	-97	1	1.5	2	3	6	7
10	14	+290	+150	+95		+50	+32		+16		+6	0	+6	+10	+15	-1+Δ	0	-7+Δ	-7	-12+Δ	0	-18	-23	-28		-33		-40		-50	-64	-90	-130	1	2	3	3	7	9
14	18	+290	+150	+95		+50	+32		+16		+6	0	+6	+10	+15	-1+Δ	0	-7+Δ	-7	-12+Δ	0	-18	-23	-28		-33	-39	-45		-60	-77	-108	-150	1	2	3	3	7	9
18	24	+300	+160	+110		+65	+40		+20		+7	0	+8	+12	+20	-2+Δ	0	-8+Δ	-8	-15+Δ	0	-22	-28	-35		-41	-47	-54	-63	-73	-98	-136	-188	1.5	2	3	4	8	12
24	30	+300	+160	+110		+65	+40		+20		+7	0	+8	+12	+20	-2+Δ	0	-8+Δ	-8	-15+Δ	0	-22	-28	-35	-41	-48	-55	-64	-75	-88	-118	-160	-218	1.5	2	3	4	8	12
30	40	+310	+170	+120		+80	+50		+25		+9	0	+10	+14	+24	-2+Δ	0	-9+Δ	-9	-17+Δ	0	-26	-34	-43	-48	-60	-68	-80	-94	-112	-148	-200	-274	1.5	3	4	5	9	14
40	50	+320	+180	+130		+80	+50		+25		+9	0	+10	+14	+24	-2+Δ	0	-9+Δ	-9	-17+Δ	0	-26	-34	-43	-54	-70	-81	-97	-114	-136	-180	-242	-325	1.5	3	4	5	9	14
50	65	+340	+190	+140		+100	+60		+30		+10	0	+13	+18	+28	-2+Δ	0	-11+Δ	-11	-20+Δ	0	-32	-41	-53	-66	-87	-102	-122	-144	-172	-226	-300	-405	2	3	5	6	11	16
65	80	+360	+200	+150		+100	+60		+30		+10	0	+13	+18	+28	-2+Δ	0	-11+Δ	-11	-20+Δ	0	-32	-43	-59	-75	-102	-120	-146	-174	-210	-274	-360	-480	2	3	5	6	11	16
80	100	+380	+220	+170		+120	+72		+36		+12	0	+16	+22	+34	-3+Δ	0	-13+Δ	-13	-23+Δ	0	-37	-51	-71	-91	-124	-146	-178	-214	-258	-335	-445	-585	2	4	5	7	13	19
100	120	+410	+240	+180		+120	+72		+36		+12	0	+16	+22	+34	-3+Δ	0	-13+Δ	-13	-23+Δ	0	-37	-54	-79	-104	-144	-172	-210	-256	-310	-400	-525	-690	2	4	5	7	13	19
120	140	+460	+260	+200		+145	+85		+43		+14	0	+18	+26	+41	-3+Δ	0	-15+Δ	-15	-27+Δ	0	-43	-63	-92	-122	-170	-202	-248	-300	-365	-470	-620	-800	3	4	6	7	15	23
140	160	+520	+280	+210		+145	+85		+43		+14	0	+18	+26	+41	-3+Δ	0	-15+Δ	-15	-27+Δ	0	-43	-65	-100	-134	-190	-228	-280	-340	-415	-535	-700	-900	3	4	6	7	15	23
160	180	+580	+310	+230		+145	+85		+43		+14	0	+18	+26	+41	-3+Δ	0	-15+Δ	-15	-27+Δ	0	-43	-68	-108	-146	-210	-252	-310	-380	-465	-600	-780	-1000	3	4	6	7	15	23
180	200	+660	+340	+240		+170	+100		+50		+15	0	+22	+30	+47	-4+Δ	0	-17+Δ	-17	-31+Δ	0	-50	-77	-122	-166	-236	-284	-350	-425	-520	-670	-880	-1150	3	4	6	9	17	26
200	225	+740	+380	+260		+170	+100		+50		+15	0	+22	+30	+47	-4+Δ	0	-17+Δ	-17	-31+Δ	0	-50	-80	-130	-180	-258	-310	-385	-470	-575	-740	-960	-1250	3	4	6	9	17	26
225	250	+820	+420	+280		+170	+100		+50		+15	0	+22	+30	+47	-4+Δ	0	-17+Δ	-17	-31+Δ	0	-50	-84	-140	-196	-284	-340	-425	-520	-640	-820	-1050	-1350	3	4	6	9	17	26

续表

基本偏差数值（单位：μm）

公称尺寸/mm 大于	至	A	B	C	CD	D	E	EF	F	FG	G	H	JS	J(IT6)	J(IT7)	J(IT8)	K(≤IT8)	K(>IT8)	M(≤IT8)	M(>IT8)	N(≤IT8)	N(>IT8)	P至ZC(≤IT7)	P	R	S	T	U	V	X	Y	Z	ZA	ZB	ZC	Δ IT3	Δ IT4	Δ IT5	Δ IT6	Δ IT7	Δ IT8
250	280	+920	+480	+300		+190	+110		+56		+17	0		+25	+36	+55	0+Δ	0	-20+Δ	-20	-34			-56	-94	-158	-218	-315	-385	-475	-580	-710	-920	-1200	-1500	4	4	7	9	20	29
280	315	+1050	+540	+330																					-98	-170	-240	-350	-425	-525	-650	-790	-1000	-1300	-1700						
315	355	+1200	+600	+360		+210	+125		+62		+18	0		+29	+39	+60	0+Δ	0	-21+Δ	-21	-37			-62	-108	-190	-268	-390	-475	-590	-730	-900	-1150	-1500	-1900	4	5	7	11	21	32
355	400	+1350	+680	+400																					-114	-208	-294	-435	-530	-660	-820	-1000	-1300	-1650	-2100						
400	450	+1500	+760	+440		+230	+135		+68		+20	0		+33	+43	+66	0+Δ	0	-23+Δ	-23	-40			-68	-126	-232	-330	-490	-595	-740	-920	-1100	-1450	-1850	-2400	5	5	7	13	23	34
450	500	+1650	+840	+480																					-132	-252	-360	-540	-660	-820	-1000	-1250	-1600	-2100	-2600						
500	560					+260	+145		+76		+22	0					0		-26		-44			-78	-150	-280	-400	-600													
560	630																								-155	-310	-450	-660													
630	710					+290	+160		+80		+24	0					0		-30		-50			-88	-175	-340	-500	-740													
710	800																								-185	-380	-560	-840													
800	900					+320	+170		+86		+26	0					0		-34		-56			-100	-210	-430	-620	-940													
900	1000																								-220	-470	-680	-1050													
1000	1120					+350	+195		+98		+28	0					0		-40		-66			-120	-250	-520	-780	-1150													
1120	1250																								-260	-580	-840	-1300													
1250	1400					+390	+220		+110		+30	0					0		-48		-78			-140	-300	-640	-940	-1450													
1400	1600																								-330	-720	-1050	-1600													
1600	1800					+430	+240		+120		+32	0					0		-58		-92			-170	-370	-820	-1200	-1850													
1800	2000																								-400	-920	-1350	-2000													
2000	2240					+480	+260		+130		+34	0					0		-68		-110			-195	-440	-1000	-1500	-2300													
2240	2500																								-460	-1100	-1650	-2500													
2500	2800					+520	+290		+145		+38	0					0		-76		-135			-240	-550	-1250	-1900	-2900													
2800	3150																								-580	-1400	-2100														

注：
(1) 公称尺寸小于或等于1mm时，基本偏差A和B及大于IT8的N均不采用。公差带JS7～JS11，若IT_n值数是奇数，则取偏差$=\pm\dfrac{IT_n-1}{2}$。

(2) 对小于或等于IT8的K、M、N和小于或等于IT7的P～ZC，所需Δ值从表内右侧选取。

3. 公差带代号与配合代号

公差带代号由基本偏差代号及公差等级数字组成，如 H8、S7、f6 等。

配合代号用孔、轴公差带组合表示成分数形式，分子为孔的公差带代号，分母为轴的公差带代号，如 $\dfrac{H7}{f6}$ 或 H7/f6。

例 1-2　在孔 $\phi25^{+0.021}_{0}$ 与轴 $\phi25^{-0.020}_{-0.033}$ 配合中，求配合的基本尺寸，上下偏差，公差，最大、最小极限尺寸，最大、最小间隙或过盈，属何种配合。并画出公差带图。

解：$D = d = \phi25\text{mm}$

孔：ES=0.021mm，EI=0mm

$T_{h} = \text{ES} - \text{EI} = 0.021\text{mm} - 0\text{mm} = 0.021\text{mm}$

$D_{\max}=\text{ES}+D=25.021\text{mm}$，$D_{\min}=\text{EI}+D=25\text{mm}$

轴：es=−0.020mm，ei=−0.033mm

$T_{s} = \text{es} - \text{ei} = 0.013\text{mm}$

$d_{\max} = \text{es} + d = 24.980\text{mm}$，$d_{\min} = \text{ei} + d = 24.967\text{mm}$

公差带图如图 1-11 所示，由图可知，此配合为间隙配合

$X_{\max} = D_{\max} - d_{\min} = \text{ES} - \text{ei} = 0.054\text{mm}$

$X_{\min} = D_{\min} - d_{\max} = \text{EI} - \text{es} = 0.020\text{mm}$

$X_{\text{av}} = (X_{\max} + X_{\min})/2 = 0.037\text{mm}$

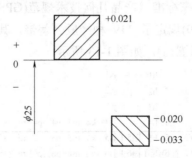

图 1-11　例 1-2 的公差带图

任务实施

图 1-1(b) 中 $\phi45\dfrac{H6}{f5}$ 表达的意思是：

(1) 公称尺寸为 $\phi45\text{mm}$ 的一对孔、轴进行装配；

(2) 采用的基准制为基孔制；

(3) 孔的基本偏差代号为 H，公差等级为 6 级，轴的基本偏差代号为 f，公差等级为 5 级，经查表 1-1、表 1-2、表 1-3 可得：

$\text{IT6} = 16\mu\text{m}$，$\text{IT5} = 11\mu\text{m}$；

孔 H6：$\text{EI}=0$，$\text{ES}= \text{EI} + \text{IT6} = 0+16=16\mu\text{m}$

轴 f5：$\text{es} = -25\mu\text{m}$，$\text{ei} = \text{es} - \text{IT5} = -25 - 11 = -36\mu\text{m}$

又因为：$\text{ES} - \text{ei} = 16 - (-36) = 52\mu\text{m}$

$$EI - es = 0 - (-25) = 25\mu m$$

所以该组配合为过渡配合。

(4) 配合公差带如图 1-12 所示。

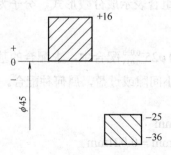

图 1-12　此任务实施的配合公差带

(三) 孔、轴公差带与配合的标准化

1. 一般、常用及优先公差带

任一基本偏差和任一标准公差可组合成大量的公差带。为了减少定值刀具、量具的规格与数量以及工艺的品种规格，降低生产成本，国家标准依据公差带在生产中的使用频率、对使用要求的满足程度等，规定了一般公差带、常用公差带和优先公差带。

尺寸≤500mm 的轴，国家标准《产品几何技术规范(GPS)　极限与配合　公差带和配合的选择》(GB/T 1801—2009)规定了 119 种一般公差带，其中 59 种为常用公差带(方框内)，13 种为优先公差带(小圆圈内)，如图 1-13 所示。

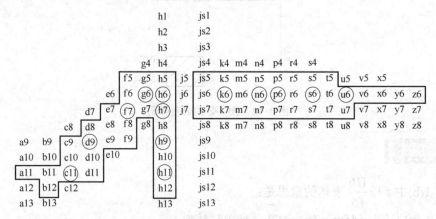

图 1-13　一般、常用和优先使用的轴公差带

尺寸≤500mm 的孔，国家标准规定了 105 种一般公差带，其中 44 种为常用公差带(方框内)，13 种为优先公差带(小圆圈内)，如图 1-14 所示。

在选用时，优先选择圆圈内的公差带，其次是方框内的公差带，最后是图中所列的其他公差带。

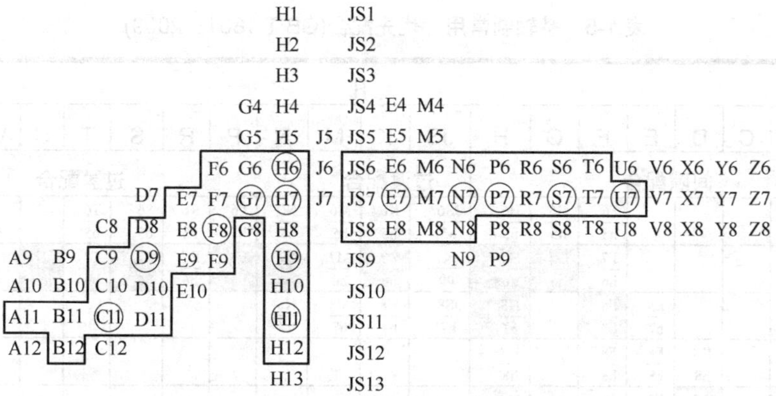

H1　　JS1
H2　　JS2
H3　　JS3
G4　H4　　JS4 E4 M4
G5　H5　J5　JS5 E5 M5
F6 G6 (H6) J6　JS6 E6 M6 N6　P6 R6 S6 T6　U6 V6 X6 Y6 Z6
D7 E7 F7 (G7) (H7) J7　JS7 (E7) M7 (N7)　(P7) R7 (S7) T7 (U7) V7 X7 Y7 Z7
C8 D8 E8 (F8) G8 H8　JS8 E8 M8 N8　P8 S8 T8 U8 V8 X8 Y8 Z8
A9 B9 C9 (D9) E9 F9　(H9)　JS9　　N9 P9
A10 B10 C10 D10 E10　H10　JS10
A11 (B11) (C11) D11　(H11)　JS11
A12 B12 C12　　H12　JS12
　　　　H13　JS13

图 1-14　一般、常用和优先使用的孔公差带

2. 常用及优先配合

国家标准根据我们生产的实际情况，并参照国际公差标准的规定，尺寸≤500mm 时，规定了 59 种基孔制常用配合，其中 13 种为优先配合，如表 1-4 所列；规定了 47 种基轴制常用配合，其中 13 种为优先配合，如表 1-5 所列。

在选用时优先选择优先配合，其次是常用配合。

表 1-4　基孔制常用、优先配合(GB/T 1801—2009)

基准孔	轴																				
	a	b	c	d	e	f	g	h	js	k	m	n	p	r	s	t	u	v	x	y	z
	间隙配合								过渡配合				过盈配合								
H6					$\frac{H6}{f5}$		$\frac{H6}{g5}$	$\frac{H6}{h5}$	$\frac{H6}{js5}$	$\frac{H6}{k5}$	$\frac{H6}{m5}$	$\frac{H6}{n5}$	$\frac{H6}{p5}$	$\frac{H6}{r5}$	$\frac{H6}{s5}$	$\frac{H6}{t5}$					
H7						$\frac{H7}{f6}$	$\frac{H7}{g6}$	$\frac{H7}{h6}$	$\frac{H7}{js6}$	$\frac{H7}{k6}$	$\frac{H7}{m6}$	$\frac{H7}{n6}$	$\frac{H7}{p6}$	$\frac{H7}{r6}$	$\frac{H7}{s6}$	$\frac{H7}{t6}$	$\frac{H7}{u6}$	$\frac{H7}{v6}$	$\frac{H7}{x6}$	$\frac{H7}{y6}$	$\frac{H7}{z6}$
H8					$\frac{H8}{e7}$	$\frac{H8}{f7}$	$\frac{H8}{g7}$	$\frac{H8}{h7}$	$\frac{H8}{js7}$	$\frac{H8}{k7}$	$\frac{H8}{m7}$	$\frac{H8}{n7}$	$\frac{H8}{p7}$	$\frac{H8}{r7}$	$\frac{H8}{s7}$	$\frac{H8}{t7}$	$\frac{H8}{u7}$				
H8				$\frac{H8}{d8}$	$\frac{H8}{e8}$	$\frac{H8}{f8}$		$\frac{H8}{h8}$													
H9			$\frac{H9}{c9}$	$\frac{H9}{d9}$	$\frac{H9}{e9}$	$\frac{H9}{f9}$		$\frac{H9}{h9}$													
H10			$\frac{H10}{c10}$	$\frac{H10}{d10}$				$\frac{H10}{h10}$													
H11	$\frac{H11}{a11}$	$\frac{H11}{b11}$	$\frac{H11}{c11}$	$\frac{H11}{d11}$				$\frac{H11}{h11}$													
H12		$\frac{H12}{b12}$						$\frac{H12}{h12}$													

注：① $\frac{H6}{n5}$、$\frac{H7}{p6}$ 在公称尺寸≤3mm 和 $\frac{H8}{r7}$ 在≤100mm 时过渡配合。

②深色底纹的配合为优先配合。

表 1-5 基轴制常用、优先配合(GB/T 1801—2009)

基准轴	孔																				
	A	B	C	D	E	F	G	H	JS	K	M	N	P	R	S	T	U	V	X	Y	Z
	间隙配合								过渡配合				过盈配合								
h6						F6/h5	G6/h5	H6/h5	JS6/h5	K6/h5	M6/h5	N6/h5	P6/h5	R6/h5	S6/h5	T6/h5					
h7						F7/h6	G7/h6	H7/h6	JS7/h6	K7/h6	M7/h6	N7/h6	P7/h6	R7/h6	S7/h6	T7/h6	U7/h6				
h8					E8/h7	F8/h7		H8/h7	JS8/h7	K8/h7	M8/h7	N8/h7									
				D8/h8	E8/h8	F8/h8		H8/h8													
h9				D9/h9	E9/h9	F9/h9		H9/h9													
h10				D10/h10				H10/h10													
h11	A11/h11	B11/h11	C11/h11	D11/h11				H11/h11													
h12		B12/h12						H12/h12													

注：深色底纹的配合为优先配合。

一般公差——线性和角度尺寸的未注公差。

对机械零件上的各要素的形体尺寸、各要素相互位置尺寸、角度尺寸都有公差要求，但为了制图方便、简化设计，对加工工艺上能保证精度的尺寸在图样上就不标注出公差，这些尺寸称为未注公差尺寸。对于这些未注公差尺寸，国家制定的《一般公差未注公差的线性和角度尺寸的公差》(GB/T 1804—2000)对一般公差——线性尺寸和角度尺寸的未注公差进行了具体规定，该标准适用于金属切削加工和冲压加工得到的线性尺寸、角度尺寸、尺寸要素的相互位置尺寸的未注公差。非金属材料的零件或其他加工工艺得到的尺寸的未注公差也可参照本标准执行。

标准中规定了 4 个公差等级：精密级(f)、中等级(m)、粗糙级(c)、最粗级(v)。f 级精度最高，v 级精度最低。f 级主要应用于自动化仪器仪表、邮电机械、印染机械、烟草机械、印刷机械等；m 级主要应用于汽车、拖拉机、冶金、矿山机械、化工机械、通用机械、工程机械、工具与量具等；c 级主要应用于木模铸造、自由锻造、压弯延伸、模锻、纺织机械等；v 级主要应用于冷作、焊接、气割等。各等级的线性尺寸的极限偏差数值如表 1-6 所列。倒圆半径与倒角高度尺寸的极限偏差数值如表 1-7 所列。角度尺寸的极限偏差数值如表 1-8 所列。给定的极限偏差均为对称偏差。

表 1-6 线性尺寸的极限偏差数值　　　　　　　　　　　单位：mm

公差等级	尺寸分段							
	0.5~3	>3~6	>6~30	>30~120	>120~400	>400~1000	>1000~2000	>2000~4000
f 级	±0.05	±0.05	±0.1	±0.15	±0.2	±0.3	±0.5	—
m 级	±0.1	±0.1	±0.2	±0.3	±0.5	±0.8	±1.2	±2
c 级	±0.2	±0.3	±0.5	±0.8	±1.2	±2	±3	±4
v 级	—	±0.5	±1	±1.5	±2.5	±4	±6	±8

表 1-7　倒圆半径与倒角高度尺寸的极限偏差数值　　　　单位：mm

公差等级	尺寸分段			
	0.5～3	>3～6	>6～30	>30
f 级	±0.2	±0.5	±1	±2
m 级				
c 级	±0.4	±1	±2	±4
v 级				

表 1-8　角度尺寸的极限偏差数值　　　　单位：mm

公差等级	尺寸分段				
	≤10	>10～50	>50～120	>120～400	>400
f 级	±1°	±30′	±20′	±10′	±5′
m 级					
c 级	±1°30′	±1	±30′	±15′	±10′
v 级	±3°	±2°	±1°	±30′	±20′

注：角度尺寸的长度按角度的短边长度确定，对于圆锥角按圆锥素线长度确定。

任务二　尺寸公差及配合的选用与设计

任务导入

公差与配合的应用还有一个重要环节，那就是尺寸公差与配合的选用与设计。这个环节是在基本尺寸以及确定的前提下进行的精度设计。公差与配合进行合适的选择，对产品后续的使用等各方面都有重要影响。对尺寸公差与配合的选择主要包括确定基准制、公差等级、配合种类三个方面。选择的标准是能使产品的生产成品与综合经济效益达到共赢。

任务分析

灵活地运用公差与配合的相关知识，根据零件使用要求正确合理地设计精度，并能够正确地将公差与配合要求标注在图纸上。能够确定图 1-15 活塞销两端与活塞的配合并标注在图上，可以解决简单的精度设计问题，如：已知孔、轴基本尺寸ϕ25，间隙 0.010～0.045mm，试确定孔、轴的公差等级和公差带和配合代号。

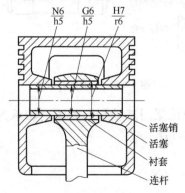

图 1-15　活塞、活塞销、连杆的配合

一、公差与配合的选用

公差与配合标准是实现互换性生产的重要基础。合理地选用公差与配合，不但能促进互换性生产，而且有利于提高产品质量，降低生产成本。在设计工作中，公差与配合的选用主要包括基准制、公差等级与配合种类等。

(一) 基准制的选择

基准制的选择应考虑结构、工艺及经济性。

1. 优先选用基孔制

在常用尺寸范围内(≤500mm)，一般情况下，应优先选用基孔制。因为同一公差等级的孔比轴加工和测量都要困难些(高精度更加明显)，所用定尺寸刀具和量具也多些。故采用基孔制可减少孔加工及测量的专用刀具和量具的数量，既经济又合理。

2. 采用基轴制的场合

(1) 当所用配合的公差等级要求不高时(一般≥IT8)，如轴直接采用冷拉棒料(一般尺寸不太大)，则不需进行机械加工，采用基轴制较为经济合理。

(2) 在有些情况下，由于结构要求，宜采用基轴制。当同一基本尺寸的轴上有两种以上的不同配合时，如采用基轴制，则可制成同一直径的光滑轴，便于加工和装配，如图 1-16 所示。

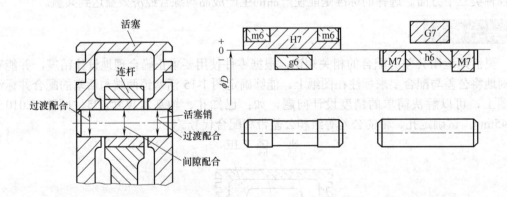

图 1-16　一轴多孔配合

(3) 当轴为标准件时，也应采用基轴制。如滚动轴承为标准件，其外圈与壳体孔配合，就必须采用基轴制(见图 1-17)。

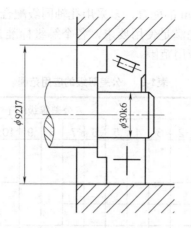

图 1-17 基轴制选用示例

3. 非基准制配合的应用

在某些情况下，为了满足配合的特殊需要，允许采用非基准制配合，又称为混合配合，就是孔和轴都不是基准件，如 M7/f7，K8/d8 等，配合代号中没有 H 或 h。非基准制配合一般用于同一孔(或轴)与几个轴(或孔)组成的配合，各配合性质要求不同，而孔(或轴)又需按基轴制(或基孔制)的某种配合制造，此时孔(或轴)与其他轴(或孔)组成配合时就要选用非基准制配合，如图 1-18 所示。

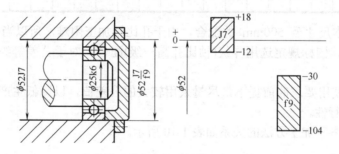

图 1-18 非基准制配合

有时，为了得到很大的间隙以补偿热膨胀对配合的影响，或者工件加工后还需进行电镀也常采用非基准制配合。

(二) 公差等级的选择

公差等级选择的原则是：在满足使用要求的前提下，尽量选用低公差等级，以利于加工和降低成本。

实践证明，公差等级与制造成本的关系是：制造公差小时，随着公差等级的提高，其成本迅速增加。例如，IT5 的制造成本是 IT9 的 5 倍。因此，在选用高公差等级时要特别慎重。国家标准规定有 20 个公差等级。其中，IT01～IT17 一般用于量块和量规公差；IT3～IT12 用于配合尺寸；IT12～IT18 用于非配合尺寸及不重要的粗糙联结(包括未注公差的尺寸公差)。选择公差等级时要注意，对基本尺寸≤500 mm 的配合，当公差值≤IT8 时，由于孔加工一般比较困难，故推荐选用孔的公差等级比轴低一级，如 H7/f6，对精度较低(>IT8)或基本尺寸>500mm 的配合,多采用孔轴同级配合。

(1) 选择公差等级应首先满足使用要求,各个等级标准公差的应用范围没有严格的划分。表 1-9 为各公差等级的应用范围。

表1-9　公差等级的应用范围

应　用	公差等级(IT)																		
	01	0	1	2	3	4	5	6	7	8	9	10	11	12	13	14	15	16	17	18
量块																			
量规																			
配合尺寸																			
特别精密零件的配合																			
非配合尺寸(大制造公差)																			
原材料公差																			

(2) 对于基本尺寸至 500mm 的配合,由于孔比轴加工困难,所以当公差等级较高(标准公差≤IT8)时,国标规定选用异级(轴比孔高一级)配合,对于公差等级要求较低时,推荐采用同级配合。

(3) 在满足使用要求的前提下,尽量采用较大的公差值,以降低生产成本,同时也考虑到工艺上的可行性。

公差等级与各种加工方法的关系如表 1-10 所示。

表 1-10　各种加工方法的加工精度

加工方法	公差等级(IT)																		
	01	0	1	2	3	4	5	6	7	8	9	10	11	12	13	14	15	16	17	18
研磨																			
珩磨																			
圆磨																			
平磨																			
金刚石车																			

续表

加工方法	公差等级(IT)																		
	01	0	1	2	3	4	5	6	7	8	9	10	11	12	13	14	15	16	17	18
金刚石镗							■	■	■										
拉削							■	■	■										
铰孔								■	■	■	■								
车									■	■	■	■	■						
镗									■	■	■	■	■						
铣										■	■	■	■						
刨、插												■	■						
钻孔												■	■	■	■				
滚压、挤压												■	■						
冲压												■	■	■	■	■			
压铸													■	■	■	■			
粉末冶金成型								■	■	■	■								
粉末冶金烧结									■	■	■								
砂型铸造、气割																	■	■	■
锻造																	■	■	

(三) 配合的选择

配合的选择通常有类比法、计算法和实验法 3 种。

根据配合部位的功能要求，确定配合的类型(见表 1-11)。

1. 间隙配合

间隙配合有 A～H(a～h)共 11 种基本偏差，其特点是利用间隙储存润滑油及补偿温度变形、安装误差、弹性变形等所引起的误差。生产中应用广泛，不仅用于运动配合，加紧固件后也可用于传递力矩。不同基本偏差代号与基准孔(或基准轴)分别形成不同间隙的配合。主要依据变形、误差需要补偿间隙的大小、相对运动速度、是否要求定心或拆卸来选定。

2. 过渡配合

过渡配合有 JS～N(js～n)共 4 种基本偏差，其主要特点是定心精度高且可拆卸，也可加键、销紧固件后用于传递力矩，主要根据机构受力情况、定心精度和要求装拆次数来考虑基本偏差的选择。定心要求高、受冲击负荷、不常拆卸的，可选较紧的基本偏差，如 N(n)，反之应选较松的配合，如 K(k)或 JS(js)。

3. 过盈配合

过盈配合有 P～ZC(p～zc)共 13 种基本偏差，其特点是由于有过盈，装配后孔的尺寸被胀大而轴的尺寸被压小，产生弹性变形，在结合面上产生一定的正压力和摩擦力，用以传递力矩和紧固零件。选择过盈配合时，如不加键、销等紧固件，则最小过盈应能保证传递所需的力矩，最大过盈应不使材料破坏，故配合公差不能太大，所以公差等级一般为IT5～IT7。基本偏差根据最小过盈量及结合件的标准来选取。

表 1-11　配合类型

结合件的工作情况			配合类型
有相对运动	只有移动		间隙较小的间隙配合
	转动或与移动的复合运动		间隙较大的间隙配合
无相对运动	传递扭矩	要求精确同轴	永久结合	过盈配合
			可拆结合	过渡配合或间隙最小的间隙配合加紧固件
		不需要精确同轴		间隙较小的间隙配合加紧固件
	不传递扭矩			过渡配合或过盈小的过盈配合

配合类别确定之后，应进一步确定非基准件的基本偏差代号。表 1-12 所示为各种基本偏差的特点及选用说明。

表 1-12　各种基本偏差的特点及选用说明

配合类别	配合特性	基本偏差	特点及应用
间隙配合	特大间隙	b (A,B)	用于高温、热变形大的场合，如活塞与缸套 H9/a9
	很大间隙	c(C)	用于受力变形大、装配工艺性差、高温动配合等场合，如内燃机排气阀杆与导管配合为 H8/c7
	较大间隙	d(D)	用于较松的间隙配合，如滑轮与轴 H9/d9；大尺寸滑动轴承与轴的配合，如轧钢机等重型机械
间隙配合	一般间隙	e(E)	用于大跨距、多支点、高速重载大尺寸等轴与轴承的配合，如大型电动机、内燃机的主要轴承配合处 H8/e7
	一般间隙	f(F)	用于一般传动的配合，如齿轮箱、小电动机、泵等转轴与滑动轴承的配合 H7/f6

续表

配合类别	配合特性	基本偏差	特点及应用
间隙配合	较小间隙	g(G)	用于轻载精密滑动零件，或缓慢间隙回转零件间的配合，如插销的定位、滑阀、连杆销、钻套孔等处的配合
	很小间隙	h(H)	用于不同精度要求的一般定位件的配合，缓慢移动和摆动零件间的配合，如车床尾座孔与滑动套的配合 H6/h5
过渡配合	过盈率很小稍有平均间隙	js(JS)	要求较好定心，木槌装配拆卸方便
	过盈率中等平均过盈接近为零	k(K)	要求定心精度较高，木槌装配拆卸比较方便
	过盈率较大平均过盈较小	m(M)	要求精密定心，最大过盈时需相当的压入力，可以拆卸
	过盈率大平均过盈稍大	n(N)	要求更精密定心，用锤或压力机装配，拆卸较困难
过盈配合	小过盈配合	p(P)	加紧固件传递一定的扭矩与轴向力，属轻型过盈配合。不加紧固件可用于准确定心仅传递小扭矩，需轴向定位
	稍大过盈配合	r(R)	不加紧固件可传递较小的扭矩与轴向力，用于很少拆卸时
	中等过盈配合	s(S)	用于需要拆卸时，装入时使用压入机
	过盈量较大	t(T)	
	过盈量大	u(U)	不加紧固件可传递大的扭矩与轴向力、特大扭矩和动载荷，属重型、特重型过盈配合
	过盈量更大	v(V)、x(X)、y(Y)、z(Z)	用于不拆卸时，一般不推荐使用。对于特重型过盈配合(后三种)需经试验才能应用

提示： 按大批大量生产时，加工后所得的尺寸通常呈正态分布；而单件小批量生产时，加工所得的孔的尺寸多偏向最小极限尺寸，轴的尺寸多偏向最大极限尺寸，即呈偏态分布。所以，对于同一使用要求，单件小批生产时采用的配合应比大批大量生产时要松一些。如大批量生产时的 $\phi50H7/js6$ 的要求，在单件小批生产时应选择 $\phi50H7/h6$。

任务实施

已知孔、轴基本尺寸为 $\phi25$mm，间隙为 $0.007\sim0.045$mm，试确定孔、轴的公差等级和公差带和配合代号。

解：

(1) 选择基准制：基孔制。

(2) 选择公差等级：

由给定条件知，此孔、轴配合为间隙配合，要求的配合公差为：

$T_f = |X_{max} - X_{min}| = T_h + T_s = (0.045 - 0.007)$ mm $= 0.038$mm $= 38\mu m$

即所选的孔、轴公差之和应最接近而又不大于 $38\mu m$

假设孔与轴为同级配合，则 $T_h = T_s = T_f/2 = 0.019$mm $= 19\mu m$

查表 1-1，IT7$=21\mu m$，IT6$=13\mu m$，故孔与轴的公差等级介于 IT6 与 IT7 之间，一般取孔比轴大一级，即

孔 IT7$=21\mu m$　　轴 IT6$=13\mu m$

则配合公差 $T_f = T_h + T_s = (21+13)$ $\mu m = 34\mu m < 38\mu m$

(3) 确定孔、轴公差带：

因为是基孔制配合，且孔的标准公差为 IT7，所以孔的公差带为 $\phi 25 \text{H7}\left(^{+0.021}_{0}\right)$

又因为 $X_{\min}=\text{EI-es}$，且 EI=0，所以 es=$-X_{\min}$

本题要求最小间隙为 0.007mm(7μm)，即轴的基本偏差应接近于-7μm

查表 1-2，取轴的基本偏差为 g，es=-7μm

则 ei=es-IT6=(-7-13)μm =-20μm，所以轴的公差带为 $\phi 25 \text{g6}\left(^{-0.007}_{-0.020}\right)$

(4) 验算设计结果：

孔、轴配合为 $\phi 25\text{H7/g6}$

最大间隙：$X_{\max}=\text{ES-ei}=41\mu\text{m}$

最小间隙：$X_{\min}=\text{EI-es}=7\mu\text{m}$

故间隙为 0.007～0.045mm，设计结果满足使用要求。

在满足使用要求的前提下，规定了优先、常用和一般用途的公差带和与之相应的优先、常用的配合，选用时首先采用优先配合，其次选用常用配合。在实际生产中，通常多采用类比法，为此首选必须掌握各种基本偏差的特点，并了解它们的应用实例，然后根据具体要求的情况加以选择。表 1-13 列出了尺寸至 500mm 基孔制、基轴制优先配合的特征及应用。

表 1-13　优先配合特性及应用(GB/T 1801—1999)

基　孔　制	基　轴　制	优先配合选用说明
$\dfrac{\text{H11}}{\text{c11}}$	$\dfrac{\text{C11}}{\text{h11}}$	间隙非常大，用于很松的、转动很慢的动配合，或要求大公差与大间隙的外露组件，或要求装配方便的很松的配合
$\dfrac{\text{H9}}{\text{d9}}$	$\dfrac{\text{D9}}{\text{h9}}$	间隙很大的自由转动配合，用于精度为非主要要求，或有大的温度变动、高转速或大的轴颈压力时
$\dfrac{\text{H8}}{\text{f7}}$	$\dfrac{\text{F8}}{\text{h7}}$	间隙不大的转动配合，用于中等转速与中等轴颈压力的精确转动，也用于装配较易的中等定位配合
$\dfrac{\text{H7}}{\text{g6}}$	$\dfrac{\text{G7}}{\text{h6}}$	间隙很小的滑动配合，用于不希望自由转动，但可自由移动和滑动并精密定位时，也可用于要求明确的定位配合
$\dfrac{\text{H7}}{\text{h6}}\ \dfrac{\text{H8}}{\text{h7}}$ $\dfrac{\text{H9}}{\text{h9}}\ \dfrac{\text{H11}}{\text{h11}}$	$\dfrac{\text{H7}}{\text{h6}}\ \dfrac{\text{H8}}{\text{h7}}$ $\dfrac{\text{H9}}{\text{h9}}\ \dfrac{\text{H11}}{\text{h11}}$	均为间隙定位配合，零件可自由装拆，而工作时一般相对静止不动。在最大实体条件下的间隙为零，在最小实体条件下的间隙由公差等级决定
$\dfrac{\text{H7}}{\text{k6}}$	$\dfrac{\text{K7}}{\text{h6}}$	过渡配合，用于精密定位
$\dfrac{\text{H7}}{\text{n6}}$	$\dfrac{\text{N7}}{\text{h6}}$	过渡配合，允许有较大过盈的更精密定位配合
$\dfrac{\text{H7}^*}{\text{p6}}$	$\dfrac{\text{H7}}{\text{h6}}$	过盈定位配合，即小过盈配合，用于定位精度特别重要时，能以最好的定位精度达到部件的刚性及对中性要求，而对内孔承受压力无特殊要求，不依靠配合的紧固性传递摩擦负荷
$\dfrac{\text{H7}}{\text{s6}}$	$\dfrac{\text{S7}}{\text{h6}}$	中等压入配合，适用于一般钢件，或用于薄壁件的冷缩配合，用于铸铁件可得到最紧的配合
$\dfrac{\text{H7}}{\text{u6}}$	$\dfrac{\text{U7}}{\text{h6}}$	压入配合，适用于可以承受大压入力的零件或不宜承受大压入力的冷缩配合

注：*表示基本尺寸≤3mm 时为过渡配合。

用类比法选择配合时还必须考虑受载荷情况、拆装情况、配合件的结合长度和材料、温度的影响及生产类型等因素。

二、尺寸公差与配合的标注

(一) 公差带代号

孔、轴公差带代号由基本偏差代号与公差等级代号组成。基本偏差代号表示中，孔用大写拉丁字母表示，轴用小写拉丁字母表示，公差等级用阿拉伯数字表示。如孔的公差带代号 F8 和轴的公差带代号 f8。

(二) 配合代号

配合代号用孔、轴公差带代号组合表示，写成分数形式，分子为孔公差带代号，分母为轴公差带代号。如：H8/f7 或 $\dfrac{H8}{f7}$ 表示公差等级 8 级的基准孔 H 与公差等级 7 级偏差 f 的轴配合。

(三) 极限与配合的标注

装配图上一般标注配合代号，零件图上可注公差带代号或极限偏差数值，也可以两者都注(见图 1-19)。

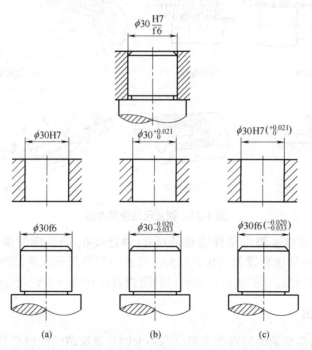

$\phi 30 \dfrac{H7}{f6}$

$\phi 30H7$ $\phi 30^{+0.021}_{0}$ $\phi 30H7(^{+0.021}_{0})$

$\phi 30f6$ $\phi 30^{-0.020}_{-0.033}$ $\phi 30f6(^{-0.020}_{-0.033})$

(a)   (b)   (c)

图 1-19 零件图中的标注

任务三　简单零件的基本尺寸测量

理论知识

一、基本量具

(一) 钢直尺

钢直尺是最简单的长度量具，它的长度有 150mm、300mm、500mm 和 1000mm 4 种规格。图 1-20 所示是常用的 150 mm 钢直尺。

图 1-20　150mm 的钢直尺

钢直尺用于测量零件的长度尺寸(见图 1-21)，它的测量结果不太准确。这是由于钢直尺的刻线间距为 1mm，而刻线本身的宽度就有 0.1～0.2mm，所以测量时读数误差比较大，只能读出毫米数，即它的最小读数值为 1mm，比 1mm 小的数值，只能估计而得。

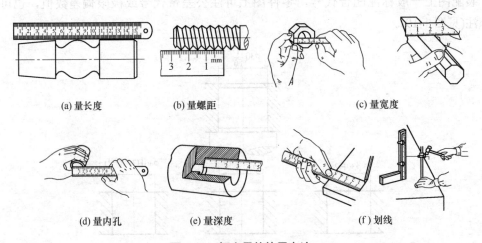

(a) 量长度　　　　　(b) 量螺距　　　　　(c) 量宽度

(d) 量内孔　　　　　(e) 量深度　　　　　(f) 划线

图 1-21　钢直尺的使用方法

如果用钢直尺直接去测量零件的直径尺寸(轴径或孔径)，则测量精度更差。其原因是：除了钢直尺本身的读数误差比较大以外，还由于钢直尺无法正好放在零件直径的正确位置。所以，零件直径尺寸的测量，也可以利用钢直尺和内外卡钳配合起来进行。

(二) 内外卡钳

图 1-22 所示为常见的两种内外卡钳。内外卡钳是最简单的比较量具。外卡钳是用来测量外径和平面的，内卡钳是用来测量内径和凹槽的。它们本身都不能直接读出测量结果，而是把测量得的长度尺寸(直径也属于长度尺寸)，在钢直尺上进行读数，或在钢直尺上先取下所需尺寸，再去检验零件的直径是否符合。

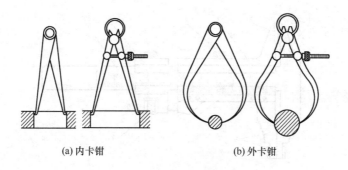

(a) 内卡钳　　　　　　　　(b) 外卡钳

图1-22　内外卡钳

卡钳的适用范围：卡钳是一种简单的量具，由于它具有结构简单、制造方便、价格低廉、维护和使用方便等特点，广泛应用于要求不高的零件尺寸的测量和检验，尤其是对锻铸件毛坯尺寸的测量和检验，卡钳是最合适的测量工具。

(三) 塞尺

塞尺又称厚薄规或间隙片，主要用来检验机床特别紧固面和紧固面、活塞与气缸、活塞环槽和活塞环、十字头滑板和导板、进排气阀顶端和摇臂、齿轮啮合间隙等两个结合面之间的间隙大小。塞尺是由许多层厚薄不一的薄钢片组成(见图 1-23)按照塞尺的组别制成一把一把的塞尺，每把塞尺中的每片具有两个平行的测量平面，且都有厚度标记，以供组合使用。

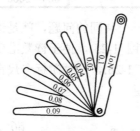

图1-23　塞尺

二、游标读数量具

应用游标读数原理制成的量具有游标卡尺、高度游标卡尺、深度游标卡尺、游标量角尺(如万能量角尺)和齿厚游标卡尺等，用以测量零件的外径、内径、长度、宽度，厚度、高度、深度、角度以及齿轮的齿厚等，应用范围非常广泛。

(一) 游标卡尺的结构形式

游标卡尺是一种常用的量具，具有结构简单、使用方便、精度中等和测量的尺寸范围大等特点，可以用它来测量零件的外径、内径、长度、宽度、厚度、深度和孔距等，应用范围很广泛。游标卡尺的结构形式如图1-24所示。

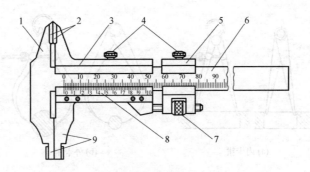

图 1-24　游标卡尺的结构形式

1—尺身；2—上量爪；3—尺框；4—紧固螺钉；5—微动装置；
6—主尺；7—微动螺母；8—游标；9—下量爪

目前，我国生产的游标卡尺的测量范围及其游标读数值见表 1-14。

表 1-14　游标卡尺的测量范围和游标卡尺读数值　　　　　　mm

测量范围	游标读数值	测量范围	游标读数值
0～25	0.02；0.05；0.10	300～800	0.05；0.10
0～200	0.02；0.05；0.10	400～1000	0.05；0.10
0～300	0.02；0.05；0.10	600～1500	0.05；0.10
0～500	0.05；0.10	800～2000	0.10

以上所介绍的游标卡尺存在一个共同的问题，就是读数不是很清晰，容易读错，有的卡尺装有测微表成为带表卡尺(见图 1-25)，便于读数准确，提高了测量精度；更有一种带有数字显示装置的游标卡尺(见图 1-26)，这种游标卡尺在零件表面上量得尺寸时，就直接用数字显示出来，其使用极为方便。

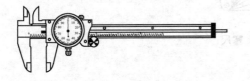

图 1-25　带表卡尺

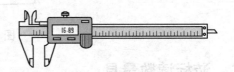

图 1-26　数字显示游标卡尺

带表卡尺的规格见表 1-15。数字显示游标卡尺的规格见表 1-16。

表 1-15　带表卡尺的规格　　　　　　mm

测量范围	指示表读数值	指示表示值误差范围
0～150	0.01	1
0～200	0.02	1；2
0～300	0.05	5

表 1-16　数字显示游标卡尺的规格

名　称	数显游标卡尺	数显高度尺	数显深度尺
测量范围/mm	0～150；0～200 0～300；0～500	0～300；0～500	0～200
分辨率/mm	0.01		
测量精度/mm	(0～200)0.03；(>200～300)0.04；(>300～500)0.05		
测量移动速度/(m/s)	1.5		
使用温度/℃	0～+40		

三、螺旋测微量具

应用螺旋测微原理制成的量具，称为螺旋测微量具。它们的测量精度比游标卡尺高，并且测量比较灵活，因此，当加工精度要求较高时多被应用。常用的螺旋读数量具有百分尺和千分尺。百分尺的测量精度为 0.01mm，千分尺的测量精度为 0.001mm。工厂习惯上把百分尺和千分尺统称为百分尺或分厘卡。目前，车间里大量用的是测量精度为 0.01mm 的百分尺，现介绍这种百分尺，并适当介绍千分尺的使用知识。

百分尺的种类很多，机械加工车间常用的有：外径百分尺、内径百分尺、深度百分尺以及螺纹百分尺和公法线百分尺等，并分别测量或检验零件的外径、内径、深度、厚度以及螺纹的中径和齿轮的公法线长度等。

(一) 外径百分尺的结构

各种百分尺的结构大同小异，常用外径百分尺是用以测量或检验零件的外径、凸肩厚度以及板厚或壁厚等(测量孔壁厚度的百分尺，其量面呈球弧形)。百分尺由尺架、测微头、测力装置和制动器等组成。图 1-27 是测量范围为 0～25mm 的外径百分尺。尺架 1 的一端装着固定测砧 2，另一端装着测微头。固定测砧和测微螺杆的测量面上都镶有硬质合金，以提高测量面的使用寿命。尺架的两侧面覆盖着绝热板 12，使用百分尺时，手拿在绝热板上，防止人体的热量影响百分尺的测量精度。

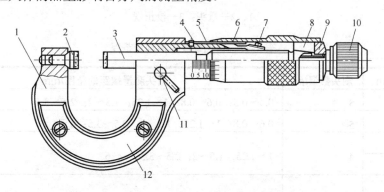

图 1-27　测量范围为 0～25mm 的外径百分尺

1—尺架；2—固定测砧；3—测微螺杆；4—螺纹轴套；5—固定刻度套筒；6—微分筒；

7—调节螺母；8—接头；9—垫片；10—测力装置；11—锁紧螺钉；12—绝热板

百分尺测微螺杆的移动量为 25mm，所以百分尺的测量范围一般为 25mm。为了使百分尺能测量更大范围的长度尺寸，以满足工业生产的需要，百分尺的尺架做成各种尺寸，形成不同测量范围的百分尺。目前，国产百分尺测量范围的尺寸分段为(单位均为 mm)：

0～25；25～50；50～75；75～100；100～125；125～150；150～175；175～200；200～225；225～250；250～275；275～300；300～325；325～350；350～375；375～400；400～425；425～450；450～475；475～500；500～600；600～700；700～800；800～900；900～1000。

测量上限大于 300mm 的百分尺，也可把固定测砧做成可调式的或可换测砧，从而使此百分尺的测量范围为 100mm。

测量上限大于 1000mm 的百分尺，也可将测量范围制成为 500mm，目前国产最大的百分尺为 2500～3000mm 的百分尺。

(二) 螺纹千分尺

螺纹千分尺如图 1-28 所示，主要用于测量普通螺纹的中径。

螺纹千分尺的结构与外径百分尺相似，所不同的是它有两个特殊的可调换的量头 1 和 2，其角度与螺纹牙形角是相同的。

测量范围与测量螺距的范围见表 1-17。

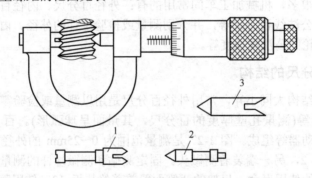

图 1-28　螺纹千分尺

1、2—量头；3—校正规

表 1-17　普通螺纹中径测量范围

测量范围/mm	测头数量/副	测头测量螺距的范围/mm
0～25	5	0.4～0.5；0.6～0.8；1～1.25；1.5～2；2.5～3.5
25～50	5	0.6～0.8；1～1.25；1.5～2；2.5～3.5；4～6
50～75	4	1～1.25；1.5～2；2.5～3.5；4～6
75～100		
100～125	3	1.5～2；2.5～3.5；4～6
125～150		

四、量块

量块又称块规，它是机器制造业中控制尺寸的最基本的量具，是从标准长度到零件之间尺寸传递的媒介，是技术测量上长度计量的基准。

长度量块是用耐磨性好，硬度高而不易变形的轴承钢制成矩形截面的长方块，如图 1-29、图 1-30 所示。它有上、下两个测量面和 4 个非测量面。两个测量面是经过精密研磨和抛光加工的很平、很光的平行平面。量块的矩形截面尺寸是：基本尺寸 0.5～10mm 的量块，其截面尺寸为 30mm×9mm；基本尺寸为 10～1000mm，其截面尺寸为 35mm×9mm。

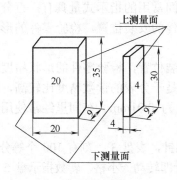

图1-29　量块

图1-30　量块的中心长度

量块的精度，根据它的工作尺寸(中心长度)的精度和两个测量面的平面平行度的准确程度，分成 5 个精度级，即 00 级、0 级、1 级、2 级和(3)级。0 级量块的精度最高，工作尺寸和平面平行度等都做得很准确，只有零点几个微米的误差，一般仅用于省市计量单位作为检定或校准精密仪器使用。1 级量块的精度次之，2 级更次之。3 级量块的精度最低，一般作为工厂或车间计量站使用的量块，用来检定或校准车间常用的精密量具。

量块采用精密的尺寸标准，制造不容易。为了使工作尺寸偏差稍大的量块，仍能作为精密的长度标准使用，可将量块的工作尺寸检定得准确些，在使用时加上量块检定的修正值。这样做，虽在使用时比较麻烦，但它可以将偏差稍大的量块，仍作为尺寸的精密标准。

量块是成套供应的，并每套装成一盒。每盒中有各种不同尺寸的量块，其尺寸编组有一定的规定。下面介绍常用成套量块的块数和每块量块的尺寸。

在总块数为 83 块和 38 块的两盒成套量块中，有时带有 4 块护块，所以每盒成为 87块和 42 块了。护块即保护量块，主要是为了减少常用量块的磨损，在使用时可放在量块组的两端，以保护其他量块。

每块量块只有一个工作尺寸。但由于量块的两个测量面做得十分准确而光滑，具有可黏合的特性。即将两块量块的测量面轻轻地推合后，这两块量块就能黏合在一起，不会自己分开，好像一块量块一样。由于量块具有可黏合性，每块量块只有一个工作尺寸的缺点就克服了。利用量块的可黏合性，就可组成各种不同尺寸的量块组，大大扩大了量块的应用。但为了减少误差，希望组成量块组的块数不超过 4～5 块。

为了使量块组的块数为最小值，在组合时就要根据一定的原则来选取块规尺寸，即首先选择能去除最小位数的尺寸的量块。例如，若要组成 87.545mm 的量块组，其量块尺寸的选择方法如下：

量块组的尺寸　　　　　　　　　87.545mm

选用的第一块量块尺寸	1.005mm
剩下的尺寸	86.54mm
选用的第二块量块尺寸	1.04mm
剩下的尺寸	85.5mm
选用的第三块量块尺寸	5.5mm
剩下的即为第四块尺寸	80mm

五、指示式量具

指示式量具是以指针指示出测量结果的量具。车间常用的指示式量具有：百分表、千分表、杠杆百分表和内径百分表等，主要用于校正零件的安装位置，检验零件的形状精度和相互位置精度，以及测量零件的内径等。

百分表和千分表，都是用来校正零件或夹具的安装位置，检验零件的形状精度或相互位置精度的。它们的结构原理没有什么大的不同，就是千分表的读数精度比较高，即千分表的最小读数值为 0.001mm，而百分表的最小读数值为 0.01mm。车间里经常使用的是百分表，因此，本节主要是介绍百分表。

百分表的外形如图 1-31 所示。8 为测量杆，6 为指针，表盘 3 上刻有 100 个等分格，其刻度值(即读数值)为 0.01mm。当指针转一圈时，小指针即转动一小格，转数指示盘 5 的刻度值为 1mm。用手转动表圈 4 时，表盘 3 也跟着转动，可使指针对准任一刻线。测量杆 8 是沿着套筒 7 上下移动，套筒 8 可作为安装百分表用。9 是测量头，2 是手提测量杆用的圆头。

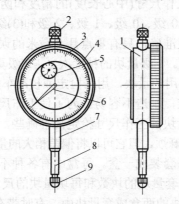

图 1-31　百分表

1—表体；2—手提测量杆用的圆头；3—表盘；4—表圈；5—转数指示盘；6—指针；
7—套筒；8—测量杆；9—测量头

由于百分表和千分表的测量杆是做直线移动的，可用来测量长度尺寸，所以它们也是长度测量工具。目前，国产百分表的测量范围(测量杆的最大移动量)，有 0～3mm、0～5mm、0～10mm 3 种。读数值为 0.001mm 的千分表，测量范围为 0～1mm。

六、正弦规

正弦规是用于准确检验零件及量规角度和锥度的量具。它是利用三角函数的正弦关系来度量的，故称正弦规或正弦尺、正弦台。由图 1-32 可见，正弦规主要由带有精密工作平面的主体和两个精密圆柱组成，四周可以装有挡板(使用时只装互相垂直的两块)，测量时作为放置零件的定位板。国产正弦规有宽型的和窄型的两种，其规格见表 1-18。正弦规的两个精密圆柱的中心距的精度很高，窄型正弦规的中心距 200mm 的误差不大于 0.003mm；宽型的不大于 0.005mm。同时，主体上工作平面的平直度，以及它与两个圆柱之间的相互位置精度都很高，因此可以用于精密测量，也可作为机床上加工带角度零件的精密定位用。利用正弦规测量角度和锥度时，测量精度可达±3"～±1"，但适宜测量小于 40°的角度。

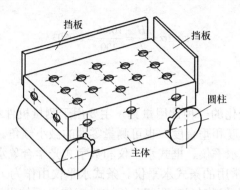

图 1-32 正弦规

表 1-18 正弦规的规格

两圆柱中心距/mm	圆柱直径/mm	工作台宽度/mm		精度等级
		窄 型	宽 型	
100	20	25	80	0.1 级

图 1-33 是应用正弦规测量圆锥塞规锥角的示意图。应用正弦规测量零件角度时，先把正弦规放在精密平台上，被测零件(如圆锥塞规)放在正弦规的工作平面上，被测零件的定位面平靠在正弦规的挡板上(如圆锥塞规的前端面靠在正弦规的前挡板上)。在正弦规的一个圆柱下面垫入量块，用百分表检查零件全长的高度，调整量块尺寸，使百分表在零件全长上的读数相同。此时，就可应用直角三角形的正弦公式，算出零件的角度。正弦公式：

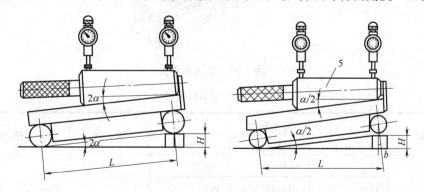

图 1-33 正弦规的应用

$$\sin 2\alpha = \frac{H}{L}$$

式中：sin ——正弦函数符号；

2α——圆锥的锥角(度)；

H ——量块的高度(mm)；

L ——正弦规两圆柱的中心距(mm)。

例如，测量圆锥塞规的锥角时，使用的是窄型正弦规，中心距 $L=200$mm，在一个圆柱下垫入的量块高度 $H=10.06$mm 时，才使百分表在圆锥塞规的全长上读数相等。此时圆锥塞规的锥角计算如下：

$$\sin 2\alpha = \frac{H}{L} = \frac{10.06}{200} = 0.0503$$

七、水平仪

水平仪是测量角度变化的一种常用量具，主要用于测量机件相互位置的水平位置和设备安装时的平面度、直线度和垂直度，也可测量零件的微小倾角。

常用的水平仪有条式水平仪、框式水平仪和数字式光学合象水平仪等。

图 1-34 所示为钳工常用的条式水平仪。条式水平仪由作为工作平面的 V 型底平面和与工作平面平行的水准器(俗称气泡)两部分组成。工作平面的平直度和水准器与工作平面的平行度都做得很精确。当水平仪的底平面放在准确的水平位置时，水准器内的气泡正好在中间位置(即水平位置)。在水准器玻璃管内气泡两端刻线为零线的两边，刻有不少于 8 格的刻度，刻线间距为 2mm。当水平仪的底平面与水平位置有微小的差别时，也就是水平仪底平面两端有高低时，水准器内的气泡由于地心引力的作用总是往水准器的最高一侧移动，这就是水平仪的使用原理。两端高低相差不多时，气泡移动也不多，两端高低相差较大时，气泡移动也较大，在水准器的刻度上就可读出两端高低的差值。水平仪的规格如表 1-19 所示。

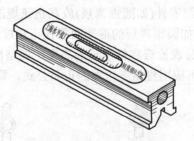

图 1-34　条式水平仪

表 1-19　水平仪的规格

品　　种	外形尺寸			组　　别	分度值/(mm/m)
	长/mm	宽/mm	高/mm		
框式	100	25～35	100	I	0.02
	150	30～40	150		
	200	35～40	200		
	250	40～50	250	II	0.03～0.05
	300		300		

续表

品　种	外形尺寸			组　别	分度值/(mm/m)
	长/mm	宽/mm	高/mm		
条式	100	30～35	35～40	Ⅱ	0.03～0.05
	150	35～40	35～45		
	200			Ⅲ	0.06～0.15
	250	40～45	40～50		
	300				

图 1-35 所示为常用的框式水平仪，主要由框架 1 和弧形玻璃管主水准器 2、调整水准 3 组成。利用水平仪上水准泡的移动来测量被测部位角度的变化。

框架的测量面有平面和 V 形槽，V 形槽便于在圆柱面上测量。弧形玻璃管的表面上有刻线，内装乙醚(或酒精)，并留有一个水准泡，水准泡总是停留在玻璃管内的最高处。若水平仪倾斜一个角度，气泡就向左或向右移动，根据移动的距离(格数)，直接或通过计算即可知道被测工件的直线度、平面度或垂直度误差。

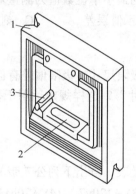

图 1-35　框式水平仪

习　题

一、选择题

1. 设置基本偏差的目的是将(　　)加以标准化，以满足各种配合性质的需要。

　　A. 公差带相对于零线的位置

　　B. 公差带的大小限

　　C. 各种配合

2. 配合的松紧程度取决于(　　)。

　　A. 基本尺寸　　　　B. 极限尺寸　　　　C. 基本偏差　　　　D. 标准公差

3. 基本偏差代号为 P(p)的公差带与基准件的公差带可形成(　　)。

　　A. 过渡或过盈配合　　B. 过渡配合　　　　C. 过盈配合　　　　D. 间隙配合

4. 标准公差值与(　　)有关。

    A. 公称尺寸和公差等级　　　　　　　B. 公称尺寸和基本偏差

    C. 公差等级和配合性质　　　　　　　D. 基本偏差和配合性质

5. 配合精度高，表明( )。

    A. 间隙或过盈值小　　　　　　　　　B. 轴的公差值大于孔的公差值

    C. 轴的公差值小于孔的公差值　　　　D. 轴、孔公差值之和小

6. 下列孔轴配合中选用不当的是( )。

    A. H8/u7　　　　　B. H6/g5　　　　　C. G6/h7　　　　　D. H10/a10

7. 在下列条件下，应考虑减小配合间隙的是( )。

    A. 配合长度增大　　B. 有冲击负荷　　C. 有轴向运动　　D. 旋转速度增高

8. 当相配孔、轴既要求对准中心，又要求装拆方便时，应选用( )。

    A. 间隙配合　　　　　　　　　　　　B. 过盈配合

    C. 过渡配合　　　　　　　　　　　　D. 间隙配合或过渡配合

9. 下列测量器具中，( )测量精度较高。

    A. 游标卡尺　　　　B. 千分尺　　　　C. 百分表　　　　D. 钢直尺

10. 测量器具所能准确读出的最小单位数值为测量器具的( )。

    A. 分度值　　　　　B. 示值误差　　　　C. 刻度值　　　　D. 刻线间距

二、简答题

1. 什么是尺寸公差？它与极限尺寸、极限偏差有何关系？

2. 什么叫作"未注公差尺寸"？这样规定适用于什么条件？其公差等级和基本偏差是如何规定的？

三、查表计算

1. 使用标准公差和基本偏差表，查出下列公差带的上、下极限偏差：

(1) $\phi 32d9$　　(2) $\phi 80p6$　　(3) $\phi 120v7$　　(4) $\phi 70h11$　　(5) $\phi 28k7$

(6) $\phi 280m6$　(7) $\phi 40C11$　(8) $\phi 40M8$　(9) $\phi 60J6$　(10) $\phi 30JS6$

2. 说明下列配合符号所表示的配合制、公差等级和配合类别(间隙配合、过渡配合或过盈配合)，并查表计算其极限间隙或极限过盈，画出其尺寸公差带图。

(1) $\phi 25H7/g6$　　(2) $\phi 40K7/h6$　　(3) $\phi 15JS8/g7$　　(4) $\phi 50S8/h8$

四、计算题

1. 某孔、轴配合，公称尺寸为$\phi 50$mm，孔公差为 IT8，轴公差为 IT7。已知孔的上极限偏差为+0.039mm，要求配合的最小间隙是+0.009mm，试确定孔、轴的尺寸。

2. 设有一公称尺寸为$\phi 80$mm 的配合，经计算确定其间隙应为(0.025～0.110)mm，若已决定采用基孔制，试确定此配合的孔、轴公差带代号，并画出其尺寸公差带图。

项目二 几 何 公 差

知识目标

- 熟悉几何公差的特征项目种类、符号、意义。
- 掌握几何公差在图纸上的标注方法。
- 了解公差原则的意义及选用方法。

能力目标

- 能读懂机械图纸中的几何公差要求。
- 能够根据功能要求设计零件的几何精度。
- 能够在图纸上正确地标注几何公差。

任务一 几何公差的标注

要实现零件的互换性，除统一其结构和尺寸外，还应统一规定公差与配合，这是保证互换性的基本措施之一。完工的零件和产品是否在一定的范围要求之内，要靠正确的测量检验来保证。机械图纸的识读，不仅要能读懂零件的外形特征，更能深刻体会零件尺寸所包含的深层次要求。

任务导入

我们已经知道，零件尺寸不可能制造得绝对准确，同样也不可能加工出绝对准确的形状和表面间的相对位置。尺寸可由尺寸公差加以限制。同样，形状、位置也可由几何公差来限制。因此，对精度要求高的零件，不仅要注明尺寸公差，还要注出几何公差。

任务分析

如图 2-1 所示，几何公差的标注要复杂于尺寸公差的标注，我们识读图样中的几何公差标注时，应获得以下信息：零件都由何种要素构成、公差项目名称及符号表示、有无基准要求、如何区分被测要素与基准要素等。

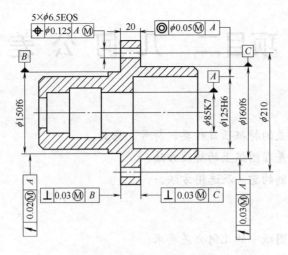

图 2-1 几何公差标注示例

理论知识 ‖

一、几何要素

几何公差的研究对象是几何要素。任何机械零件都是由点、线、面组合而成的，把构成零件特征的点、线或面统称为几何要素，简称要素。要素可以从不同的角度来分类，如图 2-2 所示。

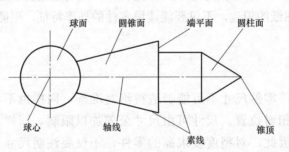

图 2-2 几何要素

(一) 按存在状态分类

(1) 理想要素：具有几何意义的要素，也就是几何的点、面，它不存在任何误差。

(2) 实际要素：零件上实际存在的要素，通常用测得的要素来代替。由于测量误差的存在和测试手段的限制，无法反映实际要素的真实情况，因此，测得的要素并不是实际要素的全部客观情况。

(二) 按结构特征分类

(1) 组成要素：是指构成零件外廓的并能直接为人们所感觉到的点、线、面。如图 2-2 中的球面、圆柱面、端平面以及圆锥面的轴线，槽面的中心平面等。

(2) 导出要素：导出要素原称为中心要素，是与组成要素有对称关系的点、线、面。导出要素是看不见、摸不着的，它总是由相应的组成要素来体现的，如轴线等。

(三) 按要素在形位公差中所处的地位分类

(1) 被测要素：是指零件设计图样上给出了形状公差或位置公差要求的要素，是被检测的对象。

(2) 基准要素：是指用来确定被测要素的方向或位置的要素。

(四) 按被测要素的功能关系分类

(1) 单一要素：是指仅对其要素本身提出功能要求并给出形状公差的要素。

(2) 关联要素：是指与其他要素有功能关系并给出位置公差要求的要素。

二、几何公差的特征项目和符号

(一) 特征项目及符号介绍

几何公差特征项目和符号见表 2-1。

表 2-1　几何公差特征项目和符号

公差类别	几何特征	符　号	有无基准
形状公差	直线度	—	无
	平面度	▱	无
	圆度	○	无
	圆柱度	⌀	无
	线轮廓度	⌒	无
	面轮廓度	⌓	无
方向公差	平行度	//	有
	垂直度	⊥	有
	倾斜度	∠	有
	线轮廓度	⌒	有
	面轮廓度	⌓	有
位置公差	位置度	⊕	有或无
	同心度(用于中心点)	◎	有
	同轴度(用于轴线)	◎	有
	对称度	=	有
	线轮廓度	⌒	有
	面轮廓度	⌓	有
跳动公差	圆跳动	↗	有
	全跳动	⤢	有

几何公差共有 14 个项目。形状公差是对单一要素提出的要求，因此没有基准要求；位置公差是对关联要素提出的要求，因此在大多数情况下都是有基准的。当公差特征为线轮廓度和面轮廓度时，若无基准要求，则为形状误差；若有基准要求，则为位置误差。

(二) 几何公差带

几何公差带是用来限制被测实际要素变动的区域。这个区域是一个几何图形，它可以是平面区域或空间区域。只要被测实际要素能全部落在给定的公差带内，就表明该被测实际要素合格。

几何公差带具有形状、大小、方向和位置 4 个特征要素。这 4 个要素会在图样标注中体现出来。

(1) 形状：公差带的形状由被测要素的理想形状和给定的公差特征项目所确定。常见的形状公差带形状如图 2-3 所示。

(2) 大小：公差带的大小由公差值 t 确定，指公差带的宽度或直径。如果公差带是圆形或圆柱形的，则在公差值前加注 ϕ，如果是球形，则加注 $S\phi$。

(3) 方向：公差带的宽度方向就是给定的公差带方向或垂直于被测要素的方向。

(4) 位置：是指公差带位置是固定的还是浮动的。所谓固定的，是指公差带的位置不随实际尺寸的变动而变化，如中心要素的公差带位置均是固定的。所谓浮动的，是指公差带的位置随实际尺寸的变化(上升下降)而浮动，如轮廓要素的公差带位置都是浮动的。

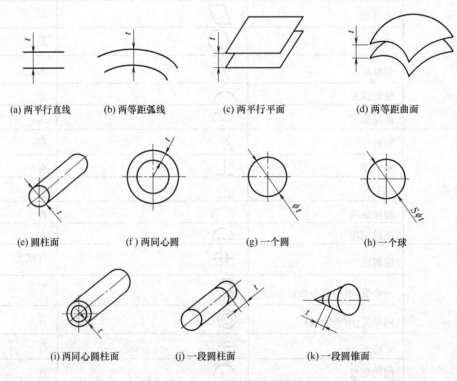

(a) 两平行直线　　　(b) 两等距弧线　　　(c) 两平行平面　　　(d) 两等距曲面

(e) 圆柱面　　　(f) 两同心圆　　　(g) 一个圆　　　(h) 一个球

(i) 两同心圆柱面　　　(j) 一段圆柱面　　　(k) 一段圆锥面

图 2-3　几何公差带的形状

三、几何公差的标注方法

在技术图样中，几何公差应采用代号标注。当无法采用代号标注时，如现有的形位公差项目无法表达，或采用代号标注过于复杂时，才允许在图样的技术要求中用文字说明。

几何公差代号包括：几何公差框格、指引线、几何公差项目的符号、几何公差值和有关符号以及基准符号等，如图 2-4 所示。对被测要素的几何公差要求，填写在公差框格内。几何公差框格至少有两格，也可以有多格的。按规定从左到右填写框格，第一格为公差项目符号，第二格为公差值和有关符号，从第三格起为代表基准的字母。基准字母用大写的英文字母，为了避免混淆，不得采用 E、F、I、J、L、M、O、P、R 这几个字母。

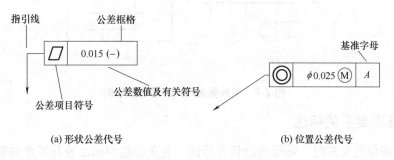

(a) 形状公差代号　　　　　　　　　　(b) 位置公差代号

图 2-4　几何公差代号标注

提示： 图 2-5(a)为两格的填写方法示例。图 2-5(b)为三格的填写方法示例，其中 *A*-*B* 表示由 *A* 和 *B* 共同组成的公共基准。图 2-5(c)为五格的填写方法示例，其中基准字母 *A*、*B*、*C* 依次表示第一、第二、第三基准，其顺序与字母顺序无关。

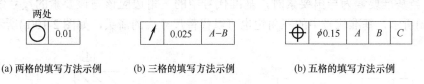

(a) 两格的填写方法示例　　　(b) 三格的填写方法示例　　　(b) 五格的填写方法示例

图 2-5　几何公差框格示例

四、几何公差各要素的标注

(一) 被测要素的标注

首先区分被测要素是组成要素还是导出要素。

(1) 当被测要素为导出要素时，指引线的箭头应与尺寸线对齐，如图 2-6(a)和图 2-6(b)所示。

(2) 当被测要素为组成要素时，箭头指向该轮廓要素或指向其引出线上，并应明显地与尺寸线错开，如图 2-7(a)和图 2-7(b)所示。

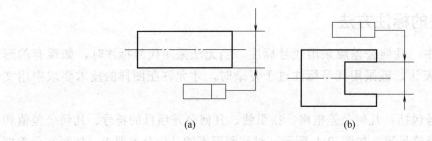

(a)　　　　　　　　　　　　　(b)

图 2-6　导出要素几何公差框格示例

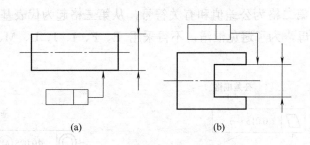

(a)　　　　　　　　　　　　　(b)

图 2-7　组成要素几何公差框格示例

(二) 基准要素的标注

有方向或位置要求时，需用基准代号标注，并在框格中标出被测要素与基准要素之间的关系。新标准中的基准代号由正三角形(空心、实心都可以)、细实线和带大写字母的正方形组成，如图 2-8 所示。

(1) 当基准要素为组成要素时，基准代号中的三角边应靠近基准要素的轮廓线或轮廓面，也可靠近轮廓的延长线，需错开尺寸线，如图 2-9 所示。

(2) 当基准要素为导出要素时，基准代号中的三角边应该与该要素的尺寸线对齐，如图 2-10(a)所示，基准代号中的三角边也可以代替尺寸线的箭头，如图 2-10(b)所示。

图 2-8　基准符号　　　　　　　　图 2-9　基准要素为组成要素的标注

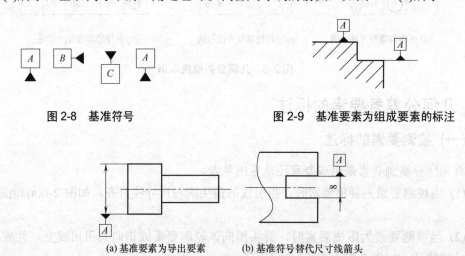

(a)基准要素为导出要素　　　　　(b)基准符号替代尺寸线箭头

图 2-10　基准要素为导出要素的标注

（三）几何公差的特殊标注方法（见表2-2）

表2-2 几何公差的特殊标注

序号	名 称	标注注解	示 例
1	公共公差带	若干个要素有相同形位公差要求	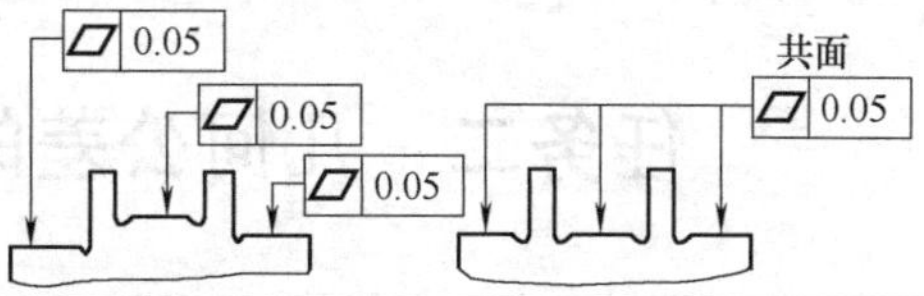
2	全周符号	轮廓度特征适用于横截面的整周轮廓	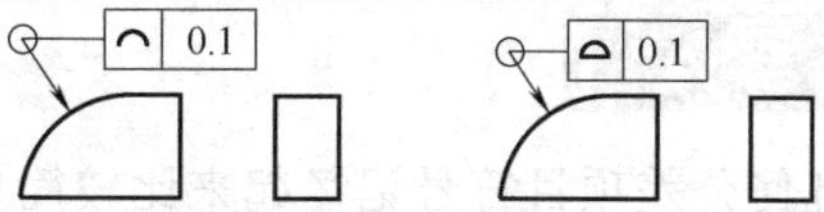
3	对误差值进一步限制	给出全长公差值的同时，对任意长度进行进一步限制	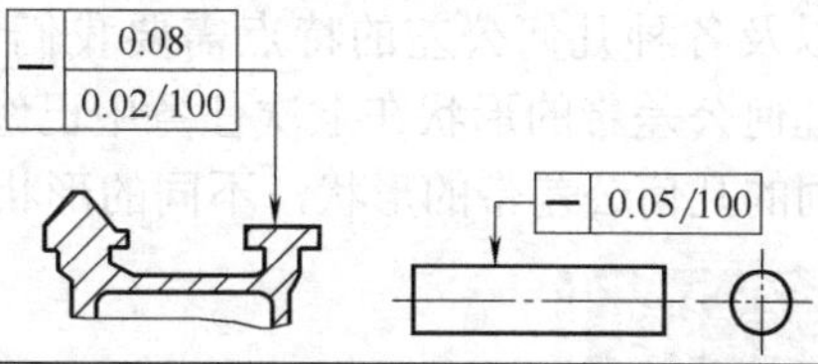
4	说明性内容	被测要素数量及其他说明性内容	
5	局部限制的标注	当受到图形限制，可在某个面上画出黑点并引出参考线	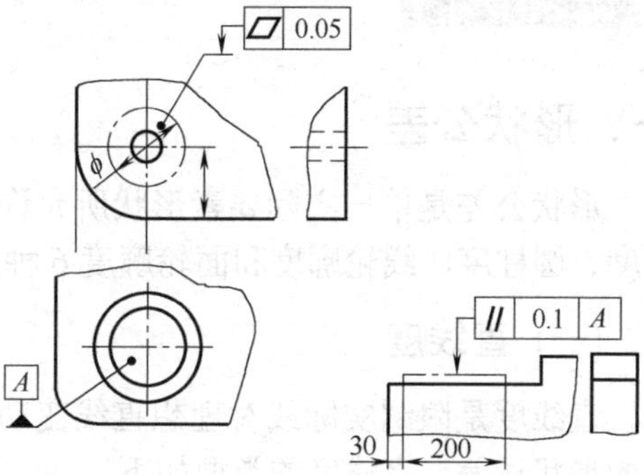

（四）公差值的限制符号（见表2-3）

表2-3 公差值的限制符号

含 义	符 号	举 例
只许中间向材料内凹下	(−)	
只许中间向材料凸起	(+)	
只许从左到右减小	(▷)	
只许从右到左减小	(◁)	

任务实施

在图 2-1 中，零件由线要素和面要素构成；其中共有 6 个被测要素，3 个基准要素；被测要素有线要素和面要素，6 个被测要素都有基准要求，基准全部为线要素。几何公差要求分别为：位置度、同轴度、圆跳动、垂直度，A、B、C 为三个基准。

任务二　几何公差的项目及其公差带的意义

任务导入

几何公差项目符号记忆起来比较简单，但是具体的几何公差项目符号代表的内涵如何，以及各种几何公差的特点需要我们进一步了解，为下一步几何公差项目的检测做准备。几何公差带的形状在上次任务中已经有了初步了解，但是，每一种几何公差项目可以有不同的几何公差带的形状，不同的形状必然表示不同的形位公差意义。

任务分析

在任务一中，我们初步了解了几何公差在图样上的表示，如图 2-1 所示，在该图中，我们除了要掌握几何公差的基本信息外，还应该掌握正确解读几何公差意义的能力。

理论知识

一、形状公差

形状公差是单一实际要素形状所允许的变动全量。形状公差包括：直线度、平面度、圆度、圆柱度、线轮廓度和面轮廓度 6 种形式。

(一) 直线度

直线度是限制实际线对理想直线变动量的一项指标，用于控制平面内或空间直线和轴线的形状误差，直线度的类型如下。

(1) 在给定平面内的直线度：公差带是距离为公差值 t 的两平行直线之间的区域。

(2) 在给定方向上的直线度：若给定一个方向时，公差带是距离为公差值 t 的两平行平面间的区域；若给定相互垂直的两个方向时，公差带是正截面为公差值 $t_1 \times t_2$ 的四棱柱内的面间区域。

(3) 在任意方向上的直线度。公差带是一个以公差值 t 为直径的圆柱面内的区域。

(二) 平面度

平面度是限制实际表面对理想平面变动量的一项指标。它的公差带仅有一种形式，即以公差值 t 为距离的两平行平面之间的区域。

在某些情况下，由于功能的要求，给出(+)或(−)附加符号。如车床铣床等机床的工作台运动导轨要求中间凸起，这样，经过一个时期的磨损后仍能可以保持其工作精度。对于这样的要求的平面，应在其公差值后面加正号(+)，反之加负号(−)。

(三) 圆度

圆度是限制实际圆相对于理想圆变动量的一项指标。它的公差带是以公差值 t 为半径差的两同心圆之间的区域。

(四) 圆柱度

圆柱度是限制实际圆柱面对理想圆柱面变动量的一项指标。它的公差带是以公差值 t 为半径差的两个同轴圆柱面之间的区域。

圆柱度公差控制了圆柱体横截面和轴切面内的各项形状误差,如:圆度、素线直线度、轴线直线度等。因此圆柱度是圆柱体各项形状误差的综合指标,也是国际上正在发展和推广的一项评定圆柱面误差的先进指标。

(五) 轮廓度

1. 线轮廓度

线轮廓度是指对非圆曲线形状误差的要求,是限制实际曲线对理想曲线变动量的一项指标。它的公差带是包络一系列直径为公差值 t 的圆的包络线之间的区域,诸圆圆心应位于理想轮廓线上。

2. 面轮廓度

面轮廓度是指对曲面形状误差的要求,是限制实际曲面对理想曲面变动量的一项指标。它的公差带是包络一系列直径为公差值 t 的球的两包络面之间的区域,诸球球心应位于理想轮廓面上。

线轮廓度和面轮廓度有两种情况:无基准要求的和有基准要求的。故其公差带除了有大小和形状要求外,位置可能固定,也可能浮动。

(1) 无基准要求时,理想轮廓线(面)用尺寸并加注公差来控制,这时理想轮廓线(面)的位置是不定的(形状公差)。

(2) 有基准要求时,理想轮廓线(面)用理论正确尺寸并加注基准来控制,这时理想轮廓线(面)的位置是唯一的,不能移动(位置公差)。

形状公差的定义及标注见表 2-4。

表 2-4　形状公差的定义及标注

项　目	公差带的定义	标注和解释
直线度	(1)在给定平面内,公差带是距离为公差值 t 的两平行直线之间的区域	被测表面的素线必须位于平行图样所示投影面,且距离为公差值 0.1 的两平行直线内

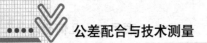

续表

项　目	公差带的定义	标注和解释
直线度	(2)在给定方向上(一个方向)，公差带是距离为公差值 t 的两平行平面之间的区域	被测圆柱面的任一素线必须位于距离为公差值 0.02 的两平行平面之内　—　0.02
	(3)在任意方向上，需在公差值前加注 ϕ，其公差带是直径为 t 的圆柱面内的区域	被测圆柱面的轴线必须位于直径为公差值 $\phi0.04$ 的圆柱面内　—　$\phi0.04$
平面度	公差带是距离为公差值 t 的两平行平面之间的区域	被测表面必须位于距离为公差值 0.1 的两平行平面内　$\square$　0.1
圆度	公差带是在同一正截面上半径差为公差值 t 的两同心圆之间的区域	被测圆柱面任一正截面的圆周必须位于半径差为公差值 0.02 的两同心圆之间　○　0.02
	任一横截面	被测圆锥面任一正截面上的圆周必须位于半径差为公差值 0.02 的两同心圆之间　○　0.02
圆柱度	公差带是半径差为公差值 t 的两同轴圆柱面之间的区域	被测圆柱面必须位于半径差为公差值 0.02 的两同轴圆柱面之间　$\cancel{\varnothing}$　0.02

项　目	公差带的定义	标注和解释
线轮廓度	公差带是包络一系列直径为公差值 t 的圆的两包络线之间的区域，诸圆的圆心位于具有理论正确几何形状的线上 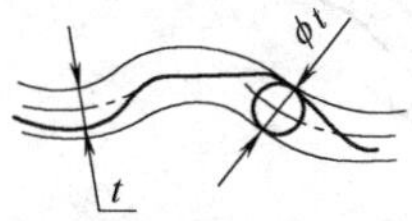 无基准要求的线轮廓度公差见右图(a)，有基准要求的线轮廓度公差见右图(b)	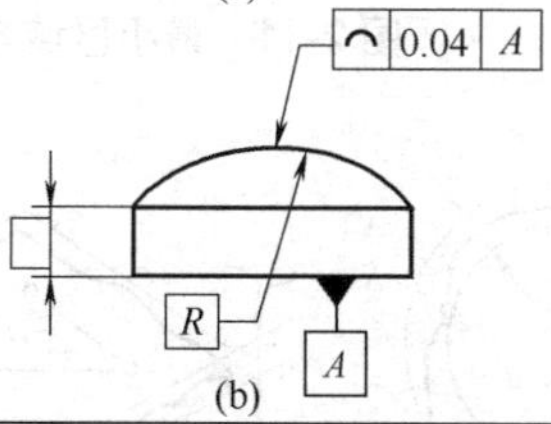 在平行于图样所示投影面的任一截面上，被测轮廓线必须位于包络一系列直径为公差值 0.04，且圆心位于具有理论正确几何形状的线上的两包络线之间 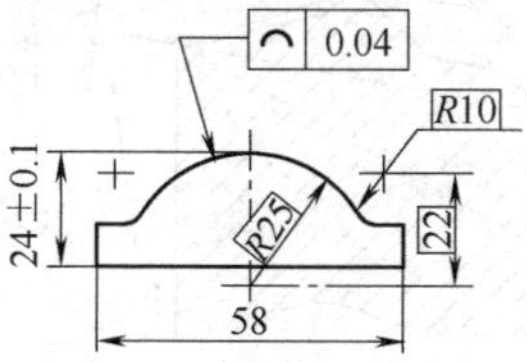
面轮廓度	公差带是包络一系列直径为公差值 t 的球的两包络面之间的区域，诸球的球心应位于具有理论正确几何形状的面上 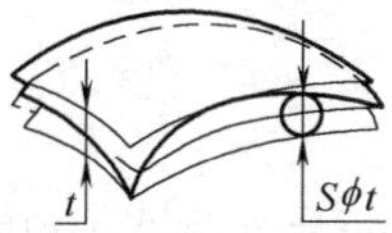 无基准要求的面轮廓度公差见右图(a)，有基准要求的面轮廓度公差见右图(b)	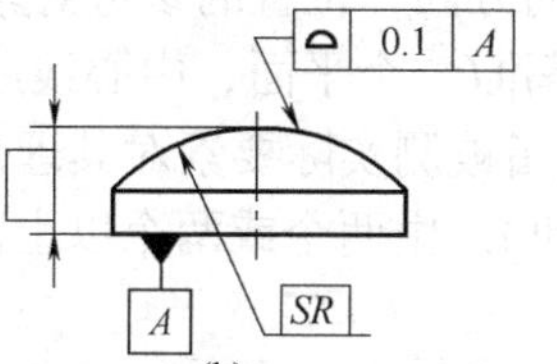 被测轮廓面必须位于包络一系列球的两包络面之间，诸球的直径为公差值 0.02，且球心位于具有理论正确几何形状的面上的两包络面之间 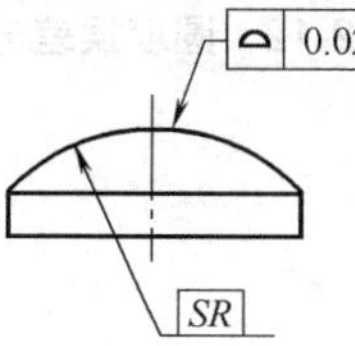

(六) 形状误差的评定

形状误差值用拟合要素的位置符合最小条件的最小包容区域的宽度或直径表示。最小包容区域是指包容被测提取要素时，具有最小宽度 f 或直径 ϕf 的包容区域。最小包容区域的形状与其公差带相同。最小区域是根据被测提取要素与包容区域的接触状态判别的。最小区域所体现的原则称为最小条件原则。所谓最小条件，是指被测提取要素对其拟合要素的最大变动量为最小，这是评定形状误差的基本原则。

(1) 评定给定平面内的直线度误差，包容区域为两平行直线，实际直线应至少与包容直线有两高夹一低或两低夹一高三点接触，如图 2-11 所示。

(2) 评定圆度误差时，包容区域为两同心圆间的区域，实际圆轮廓应至少有内外交替四点与两包容圆接触，如图 2-12(a)所示。

(3) 评定平面度误差时，包容区域为两平行平面间的区域被测平面至少有三点或四点按下列三种准则之一分别与此两平行平面接触。三角形准则、交叉准则、直线准则，如图 2-12(b)所示。

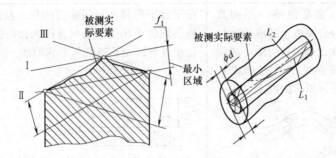

图 2-11　最小区域与最小条件

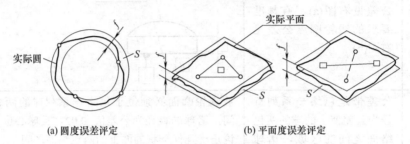

(a) 圆度误差评定　　　　　　　　　　(b) 平面度误差评定

图 2-12　圆度误差与平面度误差评定

二、方向公差

(一) 基准

基准是确定被测要素的方向、位置的参考对象。图样上的基准可分为以下三类。

(1) 单一基准：单个基准(一个平面、中心线或轴线)时，由实际要素建立基准应符合最小条件(所谓最小条件，是指被测实际要素对其理想要素的最大变动量为最小)。

(2) 组合基准(公共基准)：由两个或两个以上的要素建立的一个独立基准，起单一基准的作用。

(3) 基准体系(三基面体系)：由三个相互垂直的平面所构成的基准体系，称为三基面体系。这三个平面按功能要求有顺序之分，分别称为第一基准平面、第二基准平面、第三基准平面，如图 2-13 所示。

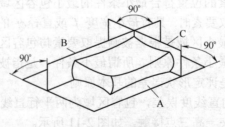

图 2-13　三基面体

提示：　基准的选择如下。

(1) 设计时，应根据实际要素的功能要求及要素间的几何关系来选择基准。

(2) 从装配关系考虑,应选择零件相互配合、相互接触的表面作为各自的基准,以保证零件的正确装配。

(3) 从加工和测量角度考虑,应选择在工夹量具中定位的相应表面作为基准,并尽量使测量基准与设计基准统一。

(4) 当被测要素的方向需采用多基准定位时,可选用组合基准或三基面体系。

(二) 方向公差与公差带

方向公差是指关联实际要素对基准在方向上允许的变动全量。

方向公差包括平行度、垂直度、倾斜度、线轮廓度和面轮廓度 5 项。

根据要素的几何特征及功能要求,被测要素和基准要素分别可以是直线或者平面,因此,所有定向公差都可以分为"线对线""线对面""面对线"和"面对面"4 种形式。定向公差中被测要素相对基准要素为线对线或线对面时,可分为给定一个方向、给定相互垂直的两个方向和任意方向上的 3 种。

方向公差带具有如下特点。

(1) 方向公差带相对基准有确定的方向,而其位置是可浮动的。

(2) 方向公差带可同时控制被测要素的方向和形状。因此,对被测要素给出定向公差后,通常对该要素不再给出形状公差。如果功能需要对形状精度有进一步要求时,可同时给出形状公差,且形状公差值小于方向公差值。

方向公差的定义及标注见表 2-5。

表 2-5 方向公差的定义及标注

项目	公差带的定义	标注和解释
平行度	(1) 线对基准线 ① 当给定一个方向上的平行度要求时,平行度公差带是距离为公差值 t,且平行于基准平面(或直线或轴线)的两平行平面之间的区域 基准轴线	被测轴线必须位于距离为公差值 0.1mm,且在给定方向上平行于基准轴线的两平行平面之间 ‖ 0.1 A ‖ 0.1 A A A
	② 当给定任意方向时,平行度公差带是直径为公差值 t 且平行于基准轴线的圆柱面内的区域 基准轴线	被测轴线必须位于直径为公差值 0.1mm,且平行于基准轴线的圆柱面内 ‖ ϕ0.03 A A

项目	公差带的定义	标注和解释
平行度	(2) 线对基准面 公差带是距离为公差值 t，且平行于基准平面的两平行平面之间的区域 基准平面	被测轴线必须位于距离为公差值 0.1mm，且平行于基准表面 A(基准平面)的两平行平面之间
	(3) 面对基准线 公差带是距离为公差值 t，且平行于基准轴线的两平行平面之间的区域 基准轴线	被测表面必须位于距离为公差值 0.1mm，且平行于基准线 C(基准轴线)的两平行平面之间
	(4) 面对基准面 公差带是距离为公差值 t，且平行于基准面的两平行平面之间的区域。 平行度公差 基准平面	被测表面必须位于距离为公差值 0.05mm，且平行于基准表面 C(基准平面)的两平行平面之间
垂直度	线对基准面 (1) 在给定一个方向上： 线对基准体系的垂直度公差带为间距等于公差值 t 的两平行平面所限定的区域。该两平行平面垂直于基准平面 A，且平行于基准平面 B 基准平面 B 基准平面 A	圆柱面的被测提取中心线应限定在间距等于 0.1mm 的两平行平面之间。该两平行平面垂直于基准平面 A，且平行于基准平面 B

续表

项目	公差带的定义	标注和解释
垂直度	(2) 在任意方向上 线对基准面的垂直度公差带为直径等于公差值ϕt，轴线垂直于基准平面的圆柱面所限定的区域	圆柱面的被测提取中心线应限定直径等于0.01mm，垂直于基准平面A的圆柱面内
倾斜度	线对基准线的倾斜度公差带为间距等于公差值 t 的两平行平面所限定的区域。该两平行平面按给定角度倾斜于基准轴线	被测提取中心线应限定在间距等于 0.08 mm 的两平行平面之间。该两平行平面按理论正确角度60°倾斜于公共基准轴线 $A—B$

三、位置公差

位置公差是关联被测要素对其具有确定位置的理想要素的允许变动量。理想要素的位置由基准及理论正确尺寸(长度或角度)确定。位置公差有同轴度(同心度)、对称度、位置度及线轮廓度和面轮廓度。

位置公差有以下特点。

(1) 相对于基准具有确定的位置，其中，位置度公差带的位置由理论正确尺寸确定，同轴度(同心度)和对称度的理论正确尺寸为零，图上可省略不注。

(2) 具有综合控制被测要素位置、方向和形状的功能。在满足使用要求的前提下，对被测要素给出定位公差后，通常对该要素不再给出定向公差和形状公差。如果需要对方向和形状有进一步要求时，则可另行给出定向或(和)形状公差，但其数值应小于定位公差值。

位置公差的定义及标注见表2-6。

表2-6　位置公差带的定义及其标注

项　目	公差带的定义	标注和解释
同轴 (心)度	(1)轴线同轴度 同轴度公差带是直径为公差值为 t，且与基准轴线同轴的圆柱面内的区域 	大圆柱面的提取中心线应限定在直径等于 0.08mm，以公共基准轴线 $A—B$ 为轴线的圆柱面内
	(2) 点的同心度 公差带是公差值为 ϕt，且与基准圆心同心的圆内限定的区域。该圆心与基准点重合 	任意横截面内，圆的被测提取中心点应限定在直径为 $\phi 0.1$mm，以基准点 A 为圆心的圆周内
对称度	公差带为距离等于公差值 t 且相对基准的中心平面对称配置的两平行平面之间的区域 	公差带为距离等于公差值 0.1 且相对基准的中心平面对称配置的两平行平面之间的区域
位置度	(1)点的位置度 公差带为直径等于公差值 $S\phi t$ 的圆球面所限定的区域。该圆球面中心的理论正确位置由基准 A、B、C 和理论正确尺寸确定 	被测提取球应限定在直径等于 $S\phi 0.3$ mm 的圆球面内，该圆球面的中心由基准平面 A、基准平面 B、基准平面 C 和理论正确尺寸 30 mm 和 25 mm 确定

项 目	公差带的定义	标注和解释
位置度	(2) 线的位置度公差在任意方向时，公差带为直径等于公差值 ϕt 的圆柱面所限定的区域。该圆柱面的轴线由基准平面 C、A、B 和理论正确尺寸确定	被测提取中心线应各自限定在直径等于 $\phi 0.1$ mm 的圆柱面内。该圆柱的轴线的位置处于由基准平面 C、A、B 和理论正确尺寸 20 mm、15 mm 和 30 mm 确定的各孔轴线的理论正确位置上

四、跳动公差

与方向、位置公差不同，跳动公差是针对特定的检测方式而定义的公差特征项目。跳动公差可分为圆跳动和全跳动。

圆跳动是控制被测要素在某个测量截面内相对于基准轴线的变动量。圆跳动又分为径向圆跳动、端面圆跳动和斜向圆跳动三种。

全跳动是控制整个被测要素在连续测量时相对于基准轴线的跳动量。全跳动分为径向全跳动和端面全跳动两种。

跳动公差适用于回转表面或其端面。典型跳动公差标注见表 2-7。

表 2-7 跳动公差带的定义及标注

项 目	公差带的定义	标注和解释
圆跳动	(1) 径向圆跳动 径向圆跳动公差带是在垂直于基准轴线的任一测量平面内半径差为公差值 t，且圆心在基准轴线上的两同心圆	ϕd 圆柱面绕基准轴线做无轴向移动回转时，在任一测量平面内的径向跳动量不得大于公差值 0.1mm

续表

项　目	公差带的定义	标注和解释
圆跳动	**(2) 轴向圆跳动** 轴向圆跳动公差带是在与基准轴线同轴的任一直径的测量圆柱面上，沿母线方向宽度为公差值 t 的圆柱面区域	被测圆端面绕基准轴线 A 旋转一周，在任一测量圆柱面上的跳动量不得大于公差值 0.1mm
圆跳动	**(3) 斜向圆跳动** 斜向圆跳动公差带是在与基准主轴线同轴的任一测量圆锥面上，沿母线方向宽度为公差值 t 的圆锥面区域	被测面绕基准轴线 B 旋转一周，在任一测量圆锥面上的跳动量不得大于公差值 0.1mm
全跳动	**(1) 径向全跳动** 径向全跳动的公差带是半径差为公差值 t，且与基准轴线同轴的两圆柱面之间的区域	被测提取表面应限定在半径差等于 0.2mm，与公共基准轴线 $A-B$ 同轴的两圆柱面之间
全跳动	**(2) 轴向(端面)全跳动** 轴向全跳动的公差带是距离为公差值 t，且与基准轴线垂直的两平行平面之间的区域	被测提取表面应限定在间距等于 0.05mm，垂直于基准轴线 A 的两平行平面之间

跳动公差带具有以下特点。

(1) 跳动公差带的位置具有固定和浮动双重特点，一方面公差带的中心(或轴线)始终与基准轴线同轴，另一方面公差带的半径又随实际要素的变动而变动。

(2) 跳动公差具有综合控制被测要素的位置、方向和形状的作用。例如，端面全跳动公差可同时控制端面对基准轴线的垂直度和它的平面度误差；径向全跳动公差可控制同轴度、圆柱度误差。

任务解析

图 2-1 中共有 6 个几何公差项目要求，其含义按照顺时针方向分别为：

- 被测 $\phi6.5$mm 的 5 个圆孔轴线相对于 $\phi85$mm 圆柱轴线的位置度公差为 $\phi0.015$mm，并且 5 孔均布；
- 被测 $\phi125$mm 圆柱的轴线相对于 $\phi85$mm 圆柱轴线的同轴度公差为 $\phi0.05$mm；
- 被测 $\phi160$mm 圆柱面相对于 $\phi85$mm 圆柱的轴线径向圆跳动公差为 0.03mm；
- 被测圆盘上下两个端面的垂直度公差为 0.03mm；
- 被测 $\phi150$mm 圆柱面相对于 $\phi85$mm 圆柱轴线的径向圆跳动公差为 0.02mm。

任务三 尺寸公差和几何公差的关系

任何实际要素都同时存在有几何误差和尺寸误差。有些几何误差和尺寸误差密切相关，有些却又无关。影响零件使用性能的，有时主要是几何误差，有时是尺寸误差，有时却是两者综合作用的结果。因此设计时，为明确表达设计意图，应根据需要确定要素的几何公差与尺寸公差不同的关系。

任务导入

在项目一中我们学习了尺寸公差，即允许尺寸的变动范围，本项目中我们又学习了几何公差，即允许形状和位置的变化范围。那么对于同一个被测要素，既给出了尺寸公差要求，同时又给出了几何公差要求，在零件加工和检验的过程中，尺寸公差和几何公差是单独处理，还是混合在一起处理，设计人员应该给出一个说明，我们把国标给出的这个说明，就称为公差原则。

任务分析

如图 2-14 所示，$\phi150$mm 的圆柱面有尺寸公差要求 f6，同时也有径向圆跳动的几何公差要求。在设计零件时，根据零件的功能要求，对零件上重要的几何要素，常常需要同时给定尺寸公差和几何公差等。那么，零件上几何要素的实际状态是由要素的尺寸误差和几何误差综合作用的结果，两者都会影响零件的配合性能，因此在设计和检测时需要明确几何公差与尺寸公差之间的关系。确定这种相互关系的原则称为公差原则。公差原则确定后，才能使设计、工艺、检验人员之间具有统一的认识，这对保证产品质量，进行正常生产极为重要。该任务完成之后，我们可以从图纸上获得以下信息：采用的公差要求原则、遵守的边界名称及尺寸、允许的最大几何误差值、实际尺寸的合格范围等。

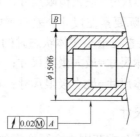

图 2-14 尺寸公差与几何公差标注

理论知识

定义：处理尺寸公差与几何公差两者之间关系的原则，称为公差原则。

公差原则包括独立原则和相关要求。相关要求又包括包容要求、最大实体要求、最小实体要求以及可逆要求。

一、基本术语及其定义

1. 实际尺寸

实际尺寸(D_a、d_a)是指实际测量尺寸。

2. 作用尺寸

(1) 体外作用尺寸(d_{fe}、D_{fe})，是指在被测要素的给定长度上，与实际外表面体外相接的最小理想面或与实际内表面体外相接的最大理想面的直径或宽度。对于关联要素，该理想面的轴线或中心平面必须与基准保持图样给定的几何关系。

(2) 体内作用尺寸(d_{fi}、D_{fi})。在被测要素的给定长度上，与实际外表面体内相接的最大理想面或与实际内表面体内相接的最小理想面的直径或宽度。对于关联要素，该理想面的轴线或中心平面必须保持图样给定的几何关系。

体外作用尺寸与体内作用尺寸如图2-15所示。

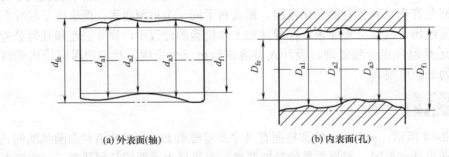

(a) 外表面(轴)　　　　　　　　(b) 内表面(孔)

图 2-15　体外作用尺寸和体内作用尺寸

3. 最大(小)实体状态、尺寸

(1) 最大实体状态(MMC)：实际要素在尺寸公差范围内，具有材料量最多的状态。

最大实体尺寸(MMS)：实际要素在最大实体状态时的尺寸。

对孔、槽等内表面：　最大实体尺寸=最小极限尺寸；　$D_M = D_{min}$。

对轴等外表面：　　　最大实体尺寸=最大极限尺寸；　$d_M = d_{max}$。

(2) 最小实体状态(LMC)：实际要素在尺寸公差范围内，具有材料量最少的状态。

最小实体尺寸(LMS)：实际要素在最小实体状态时的尺寸。

对孔、槽等内表面：　最小实体尺寸=最大极限尺寸；　$D_L = D_{max}$。

对轴等外表面：　　　最小实体尺寸=最小极限尺寸；　$d_L = d_{min}$。

4. 最大(小)实体实效状态、尺寸

实效尺寸：在尺寸公差和形位公差范围内实际要素的综合极限状态。

(1) 最大实体实效状态(MMVC)：在给定长度上，实际要素处于最大实体状态且其中心要素的形状或位置误差等于给出的几何公差值时的综合极限状态。

最大实体实效尺寸(D_{MV}、d_{MV})：$d_{MV} = d_M + t = d_{max} + t$

$$D_{MV} = D_M - t = D_{min} - t$$

(2) 最小实体实效状态(LMVC)：在给定长度上，实际要素处于最小实体状态且其中心要素的形状或位置误差等于给出的几何公差值时的综合极限状态。

最小实体实效尺寸(D_{LV}、d_{LV})：$d_{LV} = d_L - t = d_{min} - t$

$$D_{LV} = D_L + t = D_{max} + t$$

提示： 作用尺寸与实效尺寸的区别如下。

作用尺寸是由实际尺寸和几何误差综合形成的，一批零件中各不相同，是一个变量，但就每个实际的轴或孔而言，作用尺寸是唯一的；实效尺寸是由实体尺寸和几何公差综合形成的，对一批零件而言是一定量。实效尺寸可以视为作用尺寸的允许极限值。

5. 边界

边界是指由设计给定的具有理想形状的极限包容面。边界的尺寸指的是理想包容面的直径或距离，如图 2-16 所示。

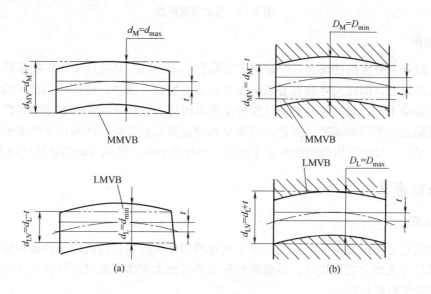

图 2-16　理想形状的边界

(1) 最大实体边界(MMB)：尺寸为最大实体尺寸的边界。
(2) 最小实体边界(LMB)：尺寸为最小实体尺寸的边界。
(3) 最大实体实效边界(MMVB)：尺寸为最大实体实效尺寸的边界。
(4) 最小实体实效边界(LMVB)：尺寸为最小实体实效尺寸的边界。

提示： 单一要素的实效边界没有方向或是位置的约束，但是关联要素的实效边界与图样上的基准应该保持图样所要求的正确几何关系。

二、独立原则

1. 定义

图样上给定的每一个尺寸和形状、位置要求均是独立的，应分别满足要求。独立原则应用十分广泛，因此，是确定尺寸公差与几何公差关系的基本原则。

2. 标注与识别

如果图样上对公差要求的指示中没有符号或标记，如图 2-17 所示，则图样上所规定的各项要求(尺寸公差、形状公差、位置公差)均不相关，被测要素应分别满足各自的要求。即尺寸误差由尺寸公差控制，几何误差由几何公差控制，互不联系。

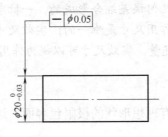

图 2-17　独立原则标注

3. 应用

独立原则主要应用的场合：一是用于非配合的零件；二是应用于零件的形状公差或位置公差要求较高，而对尺寸公差要求又相对较低的场合。例如：传统印刷机械的滚筒，其尺寸公差要求不高，但对滚筒的圆柱度公差要求较高，以保证滚筒相对滚碾过程中，圆柱素线紧密贴合，使印刷清晰。因此，按独立原则给出形状公差，而其尺寸公差则按未注公差处理。又如，机床工作台面的平面度公差、平行度公差，机床导轨的直线度误差等。

三、包容要求

1. 定义

包容要求是指被测实际要素处处位于具有理想形状的包容面内的一种公差要求。该理想形状的尺寸为最大实体尺寸。当被测要素偏离了最大实体状态时，可将尺寸公差的一部分或全部补偿给形状公差。

2. 标注与识别

要素采用包容要求时，需在尺寸的上、下偏差或尺寸公差代号后标注符号"Ⓔ"，如图 2-18 所示。图 2-18(a)、(b)分别为标注在公差代号后和极限偏差之后。图 2-18(c)表示采用包容要求的要素尺寸应位于最大实体边界之内。图 2-18(d)为尺寸公差与形位公差之间的动态补偿关系图。

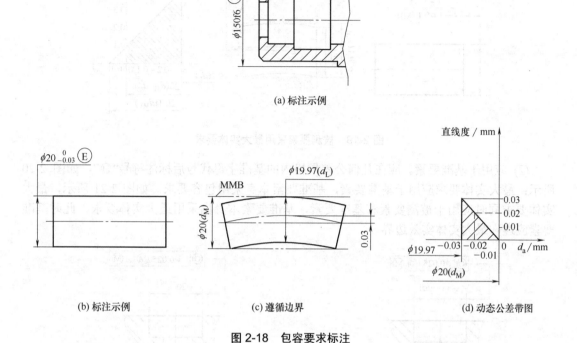

(a) 标注示例

(b) 标注示例 　　　　　(c) 遵循边界 　　　　　(d) 动态公差带图

图 2-18　包容要求标注

3. 应用

适用于单一要素。主要用于保证单一要素孔、轴配合的配合性质，特别是需要严格保证配合性质的场合(配合公差较小的精密配合)，用最大实体边界保证所需的最小间隙或最大过盈。

四、最大实体要求

1. 定义

最大实体要求是指控制被测要素的实际轮廓处于其最大实体实效边界之内的一种公差要求。当其实际尺寸偏离最大实体尺寸时，允许其几何误差值超出其给出的公差值，即几何误差值能得到补偿。

2. 标注及识别

(1) 应用于被测要素。在被测要素形位公差框格中的公差值后标注符号"Ⓜ"；最大实体要求应用于被测要素，此时被测要素形位公差数值是在该要素处于最大实体状态时给定的。被测要素遵守最大实体实效边界，体外作用尺寸不得超出最大实体实效尺寸，其局部实际尺寸不得超出最大实体尺寸和最小实体尺寸。

图 2-19 所示轴的尺寸与轴线直线度的合格条件是：

$$d_{min} = 19.7mm \leqslant d_a \leqslant d_{max} = 20mm$$

$$d_{fe} \leqslant d_{MV} = 20.1mm$$

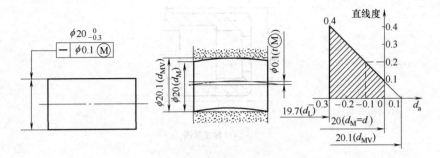

图 2-19　被测要素采用最大实体要求

(2) 应用于基准要素。应在几何公差框格内的基准字母代号后标注符号"Ⓜ"，如图 2-20 所示；最大实体要求应用于基准要素，基准要素本身采用包容要求。如图 2-21 所示，最大实体要求同时应用于被测要素和基准要素，基准要素本身也采用最大实体要求，此时基准要素应遵守最大实体实效边界。

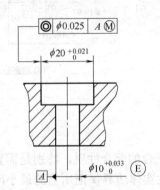

图 2-20　基准采用包容要求

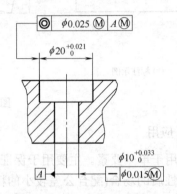

图 2-21　基准采用最大实体要求

合格条件如下。

孔：

$$\begin{cases} D_a - f = D_{fe} \geqslant D_{MV} = D_{min} - t \\ D_{min} = D_M \leqslant D_a \leqslant D_L = D_{max} \end{cases}$$

轴：

$$\begin{cases} d_a + f = d_{fe} \leqslant d_{MV} = d_{max} + t \\ d_{max} = d_M \geqslant d_a \geqslant d_L = d_{min} \end{cases}$$

3. 应用

最大实体要求适用于中心要素。主要用于只要求可装配性的零件，能充分利用图样上给出的公差，提高零件的合格率。

五、最小实体要求

1. 定义

最小实体要求是控制被测要素的实际轮廓处于其最小实体实效边界之内的一种公差要求。

2. 标注及识别

当其实际尺寸偏离最小实体尺寸时，允许其几何误差超出其给定的公差值。此时应在图样上标注符号Ⓛ。

3. 应用

最小实体要求适用于中心要素。主要用于保证零件的强度和壁厚的场合。

六、可逆要求

1. 定义

可逆要求是指在不影响零件功能的前提下，当被测轴线或中心平面的几何误差值小于给出的几何公差值时允许相应的尺寸公差增大。这是一种反补偿的公差要求。前面我们讲的包容要求、最大实体要求、最小实体要求都是尺寸公差补偿给几何误差的公差要求。可逆要求通常与最大实体要求或最小实体要求一起应用。可逆要求是最大实体要求或最小实体要求的附加要求。最大或最小实体要求附加可逆要求后，允许尺寸和几何公差之间相互补偿。

2. 标注及识别

可逆要求的标注方法是在图样上将表示可逆要求的符号Ⓡ置于被测要素的形位公差值后Ⓜ的后面或Ⓛ的后面，如图 2-22 所示。

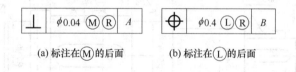

(a) 标注在Ⓜ的后面　　(b) 标注在Ⓛ的后面

图 2-22　可逆要求标注示例

3. 应用

可逆要求与最大实体要求或最小实体要求联用，能充分利用公差带，扩大了被测要素实际尺寸的合格范围，从而提高了效益。

提示： 零形位公差是被测要素遵守最大实体要求或最小实体要求时，其给定的几何公差值为零时的公差要求。由于公差值为零，因此被测的关联要素所遵循的边界为最大实体边界或最小实体边界。几何公差用于最大实体要求和最小实体要求时，它的标注符号为 0Ⓜ、0Ⓛ。

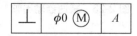

任务实施

由图 2-14 我们可以得知：被测要素采用的是最大实体原则，遵守的边界为最大实体实效边界，其尺寸为$\phi149.997$mm，允许的最大几何误差值为 0.045mm，实际尺寸合格范围为$\phi149.932$mm～$\phi149.957$mm。

任务四　几何公差的选择

任务导入

在设计机械产品时，是否正确选择几何公差项目及其公差值，将会直接影响零件的使用功能、产品质量、生产效率与制造成本。因此，几何公差项目的选择应根据零件的结构特征、使用功能、检测条件及经济性等方面，经综合分析后决定。

任务分析

几何公差的选用主要包括：几何公差项目及基准的选择；公差等级与公差值的选择；公差原则的选择。如图 2-23 所示，进行如下操作。

(1) 确定所需几何公差项目；

(2) 确定基准；

(3) 确定公差原则和几何公差值；

(4) 按国家标准在图样上正确标注。

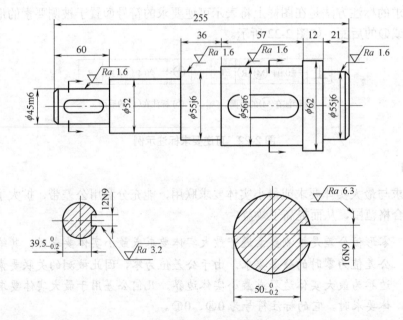

图 2-23　减速器输出轴

理论知识

一、几何公差项目及基准的选择

应充分发挥综合控制项目的职能，以减少图样上给出的几何公差项目及相应的几何误差检测项目。

在满足功能要求的前提下，应选用测量简便的项目。例如：同轴度公差常常用径向圆跳动公差或径向全跳动公差代替。

几何公差项目的选择原则是：考虑零件的几何特征，考虑零件的使用要求，考虑零件检测的方便性。例如，齿轮中心孔轴线应当与其端面有垂直度的要求，但考虑测量的方便性，一般给定端面圆跳动。

(一) 根据零件几何特征选择

零件的几何特征不同，会产生不同的几何误差。例如，回转类(轴类、套类)零件中的阶梯轴，它的组成要素是圆柱面、端面，导出要素是轴线。

(二) 根据零件的功能要求

机器对零件不同功能的要求，决定了零件需选用不同的几何公差项目。例如，阶梯轴两轴承位置明确要求限制轴线间的偏差，则应采用同轴度。但如果阶梯轴对几何精度有要求，而无须区分轴线的位置误差与圆柱面的形状误差，则可选择跳动项目。

(三) 根据零件的使用要求选择

根据尽量减少几何公差项目标注的原则，对零件使用性能影响不大，可以由尺寸公差控制的几何误差项目，就不必在图样上标注。而对于使用性能有显著影响的几何误差项目才能标注在图纸上。例如，机床导轨的直线度会影响运动精度，因此须给出直线度的要求。

> **提示：** 为了方便检测，应选用测量简便的项目，如与滚动轴承内孔相配合的轴颈位置公差的确定，按要求应该规定圆柱度及同轴度公差，但为了检测方便，可规定径向圆跳动公差。

(四) 基准的选择

选择基准要素时，应根据设计和使用要求，兼顾基准统一原则，考虑零件的结构，主要考虑以下几个方面。

(1) 根据要素的功能及对被测要素间的几何关系来选择基准，如旋转轴类零件通常选择与轴承配合的轴颈作为基准。

(2) 根据装配关系应选零件上相互配合、相互接触的定位要素作为各自的基准，如箱体类零件的安装面等。

(3) 从加工工艺及检测方面考虑，应选择在加工、检测中方便装夹定位的要素为基准。

(4) 从零件结构考虑，应选较宽大的平面、较长的轴线作为基准，以使定位稳定。

二、公差等级与公差值的选择

(一) 几何公差等级及数值的确定

几何公差等级的选择原则是：在满足零件功能要求的前提下，尽量选取较低的公差等级。

根据零件的使用要求确定几何公差值，同时要考虑到加工的经济性和零件的结构、刚性等情况。几何公差值的大小由几何公差等级确定(结合主参数)，在国家标准中将几何公差划

分为 12 个等级，1 级精度最高，依次递减，12 级精度最低。设计零件时，常用类比法确定形位公差等级。

提示： 线轮廓度、面轮廓度和位置度三个公差项目没有公差等级，其中位置度公差经过计算确定。圆度、圆柱度公差等级除了规定的 12 级之外，还有一个最高等级 0 级。

几种几何公差等级及数值如表 2-8～表 2-11 所示。

表 2-8 直线度、平面度公差数值(摘自 GB/T 1184—1996)

主参数	公差等级											
	1	2	3	4	5	6	7	8	9	10	11	12
L/mm	公差值/μm											
≤10	0.2	0.4	0.8	1.2	2	3	5	8	12	20	30	60
>10～16	0.25	0.5	1	1.5	2.5	4	6	10	15	25	40	80
>16～25	0.3	0.6	1.2	2	3	5	8	12	20	30	50	100
>25～40	0.4	0.8	1.5	2.5	4	6	10	15	25	40	60	120
>40～63	0.5	1	2	3	5	8	12	20	30	50	80	150
>63～100	0.6	1.2	2.5	4	6	10	15	25	40	60	100	200
>100～160	0.8	1.5	3	5	8	12	20	30	50	80	120	250
>160～250	1	2	4	6	10	15	25	40	60	100	150	300
>250～400	1.2	2.5	5	8	12	20	30	50	80	120	200	400
>400～630	1.5	3	6	10	15	25	40	60	100	150	250	500
>630～1000	2	4	8	12	20	30	50	80	120	200	300	600
>1000～1600	2.5	5	10	15	25	40	60	100	150	250	400	800
>1600～2500	3	6	12	20	30	50	80	120	200	300	500	1000
>2500～4000	4	8	15	25	40	60	100	150	250	400	600	1200
>4000～6300	5	10	20	30	50	80	120	200	300	500	800	1500
>6300～10000	6	12	25	40	60	100	150	250	400	600	1000	2000

表 2-9 圆度、圆柱度公差数值(摘自 GB/T 1184—1996)

主参数	公差等级												
	0	1	2	3	4	5	6	7	8	9	10	11	12
$d(D)$/mm	公差值/μm												
≤3	0.1	0.2	0.3	0.5	0.8	1.2	2	3	4	6	10	14	25
>3～6	0.1	0.2	0.4	0.6	1	1.5	2.5	4	5	8	12	18	30
>6～10	0.12	0.25	0.4	0.6	1	1.5	2.5	4	6	9	15	22	36
>10～18	0.15	0.25	0.5	0.8	1.2	2	3	5	8	11	18	2	43
>18～30	0.2	0.3	0.6	1	1.5	2.5	4	6	9	13	21	33	52

续表

主参数 d(D)/mm	公差等级												
	0	1	2	3	4	5	6	7	8	9	10	11	12
	公差值/μm												
>30~50	0.25	0.4	0.6	1	1.5	2.5	4	7	11	16	25	39	62
>50~80	0.3	0.5	0.8	1.2	2	3	5	8	13	19	30	46	74
>80~120	0.4	0.6	1	1.5	2.5	4	6	10	15	22	35	54	87
>120~180	0.6	1	1.2	2	3.5	5	8	12	18	25	40	63	100
>180~250	0.8	1.2	2	3	4.5	7	10	14	20	29	46	72	115
>250~315	1	1.6	2.5	4	6	8	12	16	23	32	52	81	130
>315~400	1.2	2	3	5	7	9	13	18	25	36	57	89	140
>400~500	1.5	2.5	4	6	8	10	15	20	27	40	63	97	155

表 2-10　平行度、垂直度和倾斜度公差值(摘自 GB/T 1184—1996)

主参数 L、d(D)/mm	公差等级											
	1	2	3	4	5	6	7	8	9	10	11	12
	公差值/μm											
≤10	0.4	0.8	1.5	3	5	8	12	20	30	50	80	120
>10~16	0.5	1	2	4	6	10	15	25	40	60	100	150
>16~25	0.6	1.2	2.5	5	8	12	20	30	50	80	120	200
>25~40	0.8	1.5	3	6	10	15	25	40	60	100	150	250
>40~63	1	2	4	8	12	20	30	50	80	120	200	300
>63~100	1.2	2.5	5	10	15	25	40	60	100	150	250	400
>100~160	1.5	3	6	12	20	30	50	80	120	200	300	500
>160~250	2	4	8	15	25	40	60	100	150	250	400	600
>250~400	2.5	5	10	20	30	50	80	120	200	300	500	800
>400~630	3	6	12	25	40	60	100	150	250	400	600	1000
>630~1000	4	8	15	30	50	80	120	200	300	500	800	1200
>1000~1600	5	10	20	40	60	100	150	250	400	600	1000	1500
>1600~2500	6	12	25	50	80	120	200	300	500	800	1200	2000
>2500~4000	8	15	30	60	100	150	250	400	600	1000	1500	2500
>4000~6300	10	20	40	80	120	200	300	500	800	1200	2000	3000
>6300~10000	12	25	50	100	150	250	400	600	1000	1500	2500	4000

表 2-11　同轴度、对称度、圆跳动和全跳动公差值(摘自 GB/T 1184—1996)

主参数 d(D)、B、L /mm	公差等级											
	1	2	3	4	5	6	7	8	9	10	11	12
	公差值/μm											
≤1	0.4	0.6	1	1.5	2.5	4	6	10	15	25	40	60
>1~3	0.4	0.6	1	1.5	2.5	4	6	10	20	40	60	120
>3~6	0.5	0.8	1.2	2	3	5	8	12	25	50	80	150

主参数 d(D)、B、L /mm	公差等级											
	1	2	3	4	5	6	7	8	9	10	11	12
	公差值/µm											
>6~10	0.6	1	1.5	2.5	4	6	10	15	30	60	100	200
>10~18	0.8	1.2	2	3	5	8	12	20	40	80	120	250
>18~30	1	1.5	2.5	4	6	10	15	25	50	100	150	300
>30~50	1.2	2	3	5	8	12	20	30	60	120	200	400
>50~120	1.5	2.5	4	6	10	15	25	40	80	150	250	500
>120~250	2	3	5	8	12	20	30	50	100	200	300	600
>250~500	2.5	4	6	10	15	25	40	60	120	250	400	800
>500~800	3	5	8	12	20	30	50	80	150	300	500	1000
>800~1250	4	6	10	15	25	40	60	100	200	400	600	1200
>1250~2000	5	8	12	20	30	50	80	120	250	500	800	1500
>2000~3150	6	10	15	25	40	60	100	150	300	600	1000	2000
>3150~5000	8	12	20	30	50	80	120	200	400	800	1200	2500
>5000~8000	10	15	25	40	60	100	150	250	500	1000	1500	3000
>8000~10000	12	20	30	50	80	120	200	300	600	1200	2000	4000

表 2-12　平行度、垂直度、倾斜度公差数值

公差等级	主要参数 L、d(D)mm															
	≤10	>10~16	>16~25	>25~40	>40~63	>63~100	>100~160	>160~250	>250~400	>400~630	>630~1000	>1000~1600	>1600~2500	>2500~4000	>4000~6300	>6300~10000
1	0.4	0.5	0.6	0.8	1	1.2	1.5	2	2.5	3	4	5	6	8	10	12
2	0.8	1	1.2	1.5	2	2.5	3	4	5	6	8	10	12	15	20	25
3	1.5	2	2.5	3	4	5	6	8	10	12	15	20	25	30	40	50
4	3	4	5	6	8	10	12	15	20	25	30	40	50	60	80	100
5	5	6	8	10	12	15	20	25	30	40	50	60	80	100	120	150
6	8	10	12	15	20	25	30	40	50	60	80	100	120	150	200	250
7	12	15	20	25	30	40	50	60	80	100	120	150	200	250	300	400
8	20	25	30	40	50	60	80	100	120	150	200	250	300	400	500	600
9	30	40	50	60	80	100	120	150	200	250	300	400	500	600	800	1000
10	50	60	80	100	120	150	200	250	300	400	500	600	800	1000	1200	1500
11	80	100	120	150	200	250	300	400	500	600	800	1000	1200	1500	2000	2500
12	120	150	200	250	300	400	500	600	800	1000	1200	1500	2000	2500	3000	4000

按类比法确定几何公差值时，应考虑以下几个方面。

一般情况下，同一要素上给定的公差值之间应遵循下列关系：

形状公差 < 位置公差 < 方向公差 < 尺寸公差

非一般情况：细长轴的直线度公差会远远大于尺寸公差；位置度与对称度公差往往与尺寸公差相当。

综合性的公差应大于单项公差。

如圆柱表面的圆柱度公差可大于或等于圆度、素线和轴线的直线度公差；平面的平面度公差应大于或等于平面的直线度公差。

在满足功能要求的前提下，考虑加工的难易程度、测量条件等，以下几种情况应适当降低1～2级。

(1) 孔相对轴。

(2) 长径比(L/d)较大的孔或轴。

(3) 宽度较大(一般大于1/2长度)的零件表面。

(4) 对结构复杂、刚性较差或不易加工和测量的零件，如细长轴、薄壁件等。

(5) 对工艺性不好，如距离较大的分离孔或轴。

(6) 线对线和线对面相对于面对面的定向公差，如平行度、垂直度和倾斜度。

(二) 未注几何形位公差

图样上的要素都应有几何精度要求，对高于9级的几何公差应在图样上进行标注，低于9级的也可以不在图样上标注，称为未注公差。

未注公差的应用对象是精度较低、车间一般机加工和常见的工艺方法就可以保证精度的零件，因而无须在图样上注出。

国家标准将未注几何公差分为 H、K、L 三个公差等级，精度依次降低(见表 2-12～表 2-15)。采用规定的未注公差值时，应在标题栏附件或技术要求中注出公差等级代号及标准编号，如"GB/T 1184—H"。

表 2-12　直线度和平面度未注公差值(摘自 GB/T 1184—1996)　　　　单位：mm

公差等级	直线度和平面度基本长度的范围					
	～10	>10～30	>30～100	>100～300	>300～1000	>1000～3000
H	0.02	0.05	0.1	0.2	0.3	0.4
K	0.05	0.1	0.2	0.4	0.6	0.8
L	0.1	0.2	0.4	0.8	1.2	1.6

表 2-13　垂直度未注公差值(摘自 GB/T 1184—1996)　　　　单位：mm

公差等级	垂直度公差短边基本长度的范围			
	～100	>100～300	>300～1000	>1000～3000
H	0.2	0.3	0.4	0.5
K	0.4	0.6	0.8	1
L	0.5	1	1.5	2

表 2-14 对称度未注公差值(摘自 GB/T 1184—1996) 单位：mm

公差等级	对称度公差基本长度的范围			
	～100	>100～300	>300～1000	>1000～3000
H	0.5			
K		0.6	0.8	1
L	0.6	1	1.5	2

表 2-15 圆跳动的未注公差值(摘自 GB/T 1184—1996) 单位：mm

公差等级	圆跳动一般公差值
H	0.1
K	0.2
L	0.5

任务实施

减速器输出轴的几何公差标注如图 2-24 所示。

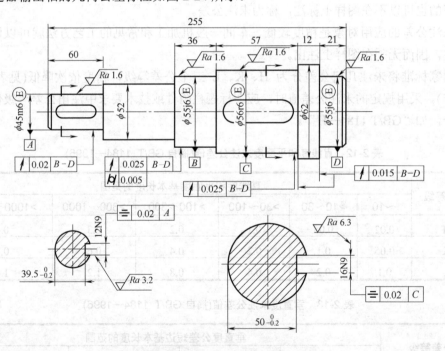

图 2-24 减速器输出轴几何公差标注

(1) $\phi55j6$ 圆柱面，从检测的可能性和经济性分析，可用径向圆跳动公差代替同轴度公差，参照表 2-11 确定公差等级为 7 级，查表 2-11，其公差值为 0.025mm。查表 2-9 确定圆柱度公差等级为 6 级，公差值为 0.005mm。

(2) $\phi56r6$、$\phi45m6$ 圆柱面，均规定了对 2-$\phi55j6$ 圆柱面公共轴线的径向圆跳动公差，公差等级仍取 7 级，公差值分别为 0.025mm 和 0.020mm。

(3) 键槽 12N9 和键槽 16N9，对称度公差数值均按 8 级给出，查表 2-11，其公差值为 0.02mm。

(4) 轴肩公差等级，根据滚动轴承的公差等级从表中查得，对于 0 级轴承，其公差值为 0.015mm。

三、公差原则的选择

应根据被测要素的功能要求、生产设备状况、生产批量大小以及操作技能高低等条件，充分发挥公差的职能和采取该公差原则的可行性、经济性。

1. 独立原则

独立原则用于尺寸精度与几何精度要求相差较大，需分别满足要求，或两者无联系，保证运动精度、密封性，未注公差等场合。

2. 包容要求

包容要求主要用于需要严格保证配合性质，特别是精密配合的场合。用最大实体边界来控制零件的尺寸和几何误差的综合结果，以保证配合要求的最小间隙或最大过盈。

3. 最大实体要求

最大实体要求用于中心要素，一般用于相配件要求为可装配性(无配合性质要求)的场合。

4. 最小实体要求

最小实体要求主要用于需要保证零件强度和最小壁厚等场合。

5. 可逆要求

可逆要求与最大(最小)实体要求联用，能充分利用公差带，扩大了被测要素实际尺寸的范围，使实际尺寸超过了最大(或最小)实体尺寸而体外(或体内)作用尺寸未超过最大(或最小)实体实效边界的废品变为合格品，提高了效益。在不影响使用性能的前提下可以选用。

四、几何误差的检测原则

1. 几何误差的 5 种检测原则

几何误差的检测比较复杂，因为几何误差值的大小不仅与被测要素有关，而且与理想要素有关。同时几何误差的项目较多，检测方法各不相同。为取得准确性与经济性相统一的效果，使得检测和评定规则具有统一概念，国家标准规定了几何误差的 5 种检测原则。

1) 与理想要素比较原则

将被测要素与理想要素相比较，量值由直接法或间接法获得。

2) 测量坐标值原则

测量被测实际要素的坐标值，经数据处理获得几何误差值。

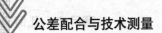
3) 测量特征参数原则

测量被测实际要素具有代表性的参数表示形位几何误差值。

4) 测量跳动原则

被测实际要素绕基准轴线回转过程中，沿给定方向或线的变动量。

5) 控制实效边界原则

检验被测实际要素是否超过实效边界，以判断被测实际要素合格与否。

按以上五原则，根据被测对象的特点和有关条件，选择最合理的检测方案。

📖 提示： 测量几何误差时的检测条件：标准温度为 20℃，标准测量力为零。

2. 应用检测原则的方法

1) 与理想要素比较原则

与理想要素比较原则是指测量时将被测实际要素与其理想要素作比较，从中获得数据，以评定被测要素的形位误差值。该检测原理在形位误差测量中的应用最为广泛。

理想要素可用不同的方法获得，如用刀口尺的刃口，如图 2-25 所示，平尺的工作面等实物体现，也可用运动轨迹来体现，如精密回转轴上的一个点(测头)在回转中所形成的轨迹(产生的理想圆)为理想要素，还可用束光、水平面(线)等体现。

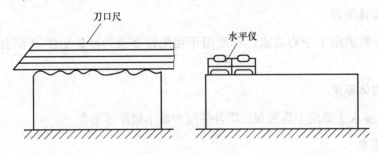

图 2-25　刀口尺检测

2) 测量坐标值原则

几何要素的特征总是可以在坐标中反映出来，用坐标测量装置(如三坐标测量仪、工具显微镜)测得被测要素上各测点的坐标值后，经数据处理就可获得几何误差值。该原则对轮廓度、位置度测量应用更为广泛。

如图 2-26 所示，用测量坐标值原则测量位置度误差。

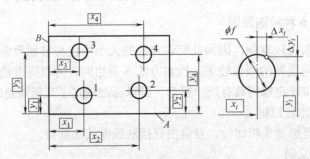

图 2-26　坐标值测量

3) 测量特征参数原则

测量特征参数原则是指测量实际要素上具有代表性的参数——特征参数,用这些特征参数的差异来表示被测要素的几何误差。

例如:圆度误差一般反映在直径的变动上,因此,常以直径作为圆度误差的参数,即用千分尺在实际表面同一横截面的几个方向上测量直径,以最大直径差值的一半作为圆度误差值。

4) 测量跳动原则

测量跳动原则的测量方法是:被测实际要素(圆柱面、圆锥面或端面)绕基准轴线回转过程中,沿给定方向(径向、斜向或轴向)测出其对某参考点或线的变动量(指示表最大与最小读数之差)。

如图 2-27 所示,测量中,当被测工件绕基准回转一周中,指示表不做轴向(或径向)移动时,可测得圆跳动,做轴向(或径向)移动时,可测得全跳动。

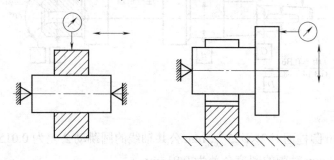

图 2-27　跳动的检测

5) 控制实效边界原则

控制实效边界原则的含义是检验被测实际要素是否超过实效边界,以判断被测实际要素合格与否。遵守最大实体要求和包容要求的被测要素,应采用这种检测原则来检测,如图 2-28 所示。

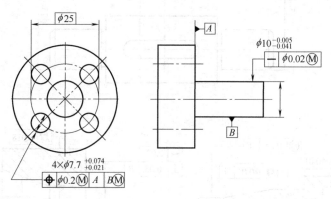

图 2-28　最大实体要求

习　题

一、判断对错

1. 评定形状误差时,一定要用最小区域法。　　　　　　　　　　　　(　　)

2. 位置误差是关联实际要素的位置对实际基准的变动量。　　　　　　　（　　）

3. 独立原则、包容要求都既可用于中心要素，也可用于轮廓要素。　　　（　　）

4. 最大实体要求、最小实体要求都只能用于中心要素。　　　　　　　　（　　）

5. 可逆要求可用于任何公差原则与要求。　　　　　　　　　　　　　　（　　）

二、解释下图中各项形位几何公差标注的含义

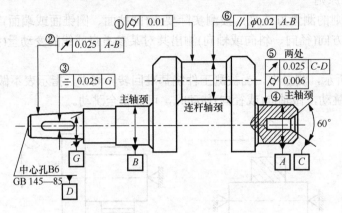

三、标注

1. $\phi 40_{-0.03}^{\ 0}$ mm 圆柱面对 $2\times\phi 25_{-0.021}^{\ 0}$ mm 公共轴线的圆跳动公差为 0.015mm；

2. $2\times\phi 25_{-0.021}^{\ 0}$ mm 轴颈的圆度公差为 0.01mm；

3. $\phi 40_{-0.03}^{\ 0}$ mm 左右端面对 $2\times\phi 25_{-0.021}^{\ 0}$ mm 公共轴线的端面圆跳动公差为 0.02mm；

4. 槽 $10_{-0.036}^{\ 0}$ mm 中心平面对 $\phi 40_{-0.03}^{\ 0}$ mm 轴线的对称度公差为 0.015mm。

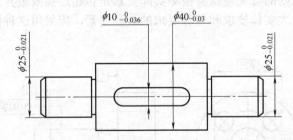

四、改错

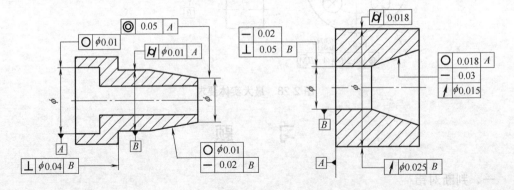

五、填表

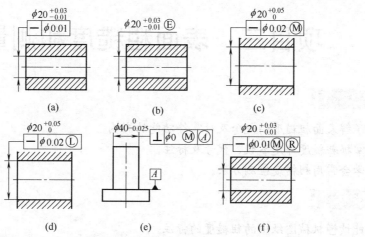

图序	采用的公差要求	理想边界名称	理想边界尺寸	MMC 时的几何公差值	LMC 时的几何公差值
(a)					
(b)					
(c)					
(d)					
(e)					
(f)					

项目三　表面粗糙度和测量

知识目标

- 了解表面粗糙度的概念及对零件功能的影响。
- 掌握粗糙度评定参数、代号及标注。
- 学会常用粗糙度检测方法。

能力目标

- 能读懂机械图纸中的粗糙度的标注。
- 熟练在图纸上标注粗糙度并选用合适的粗糙度数值。
- 学会对零件表面粗糙度进行检测的检测方法。

任务一　表面粗糙度的评定参数

任务导入

表面粗糙度的标注示例如图 3-1 所示。

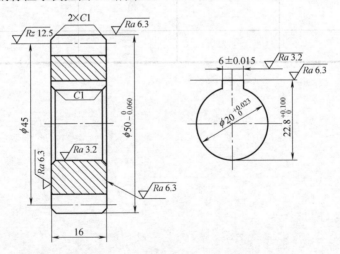

图 3-1　表面粗糙度的标注示例

任务分析

图 3-1 是一个简单的齿轮，除了尺寸精度外，还有不同表面的粗糙度要求。因此要准确理解粗糙度不同参数的含义。

理论知识

一、表面粗糙度的定义

任何零件的表面都不是绝对光滑的，零件表面总会存在着由较小间距的峰谷组成的微观高低不平的痕迹，表面粗糙度就是表述这些峰谷高低程度和间距状况的微观几何形状特性的指标，如图 3-2 所示。

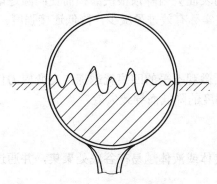

图 3-2　表面粗糙度示意图

表面粗糙度反映的是实际表面几何形状误差的微观特性，一般而言，波距小于 1mm 的属于表面粗糙度(表面微观形状误差)；波距在 1～10mm 的属于表面波纹度；波距大于 10mm 的属于表面宏观形状误差，如图 3-3 所示。

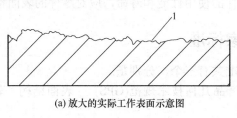

(a) 放大的实际工作表面示意图

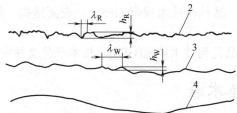

(b) 实际工作表面波形分解图

图 3-3　零件表面的几何形状误差

1—实际工作表面；2—表面粗糙度；3—波度；4—表面宏观几何形状

二、表面粗糙度对零件使用性能的影响

(一) 摩擦和磨损方面

表面越粗糙，摩擦系数就越大，摩擦阻力也越大，零件配合表面的磨损就越快。

(二) 配合性质方面

对于间隙配合，粗糙的表面会因峰顶很快磨损而使间隙逐渐加大；对于过盈配合，因装配表面的峰顶被挤平，使实际有效过盈减少，降低连接强度。

(三) 疲劳强度方面

表面越粗糙，一般表面微观不平的凹痕就越深，交变应力作用下的应力集中就会越严重，越易造成零件抗疲劳强度的降低而导致失效。

(四) 耐腐蚀性方面

表面越粗糙，腐蚀性气体或液体越易在谷底处聚集，并通过表面微观凹谷渗入到金属内层，造成表面锈蚀。

(五) 接触刚度方面

表面越粗糙，表面间接触面积就越小，致使单位面积受力就增大，造成峰顶处的局部塑性变形加剧，接触刚度下降，影响机器工作精度和平稳性。

综上所述，为保证零件的使用性能和寿命，应对零件的表面粗糙度加以合理限制。

三、表面粗糙度国家标准

表面粗糙度的国家标准共有三个，分别是：

GB/T 3505—2009《产品几何技术规范(GPS)　表面结构　轮廓法　术语、定义及表面结构参数》

GB/T 1031—2009《产品几何技术规范(GPS)　表面结构　轮廓法　表面粗糙度参数及其数值》

GB/T 131—2006《产品几何技术规范(GPS)　技术产品文件中表面结构的表示法》

四、表面粗糙度基本术语

(一) 取样长度 l_r

取样长度是评定表面粗糙度所规定的一段基准线长度。应与表面粗糙度的大小相适应。规定取样长度是为了限制和减弱表面波纹度对表面粗糙测量结果的影响，一般在一个取样长度内应包含 5 个以上的波峰和波谷。

(二) 评定长度 l_n

评定长度是为了全面、充分地反映被测表面的特性，在评定或测量表面轮廓时所必需

的一段基准线长度。评定长度可包括一个或多个取样长度。表面不均匀的表面，宜选用较长的评定长度。评定长度一般按 5 个取样长度来确定。

(三) 评定表面粗糙度的基准线

评定表面粗糙度的基准线是评定表面粗糙度的一段参考线，有以下两种。

1. 轮廓的最小二乘中线 m

轮廓的最小二乘中线是指在取样长度 l_r 内，使轮廓上各点至一条该线的距离平方和为最小，如图 3-4 所示。

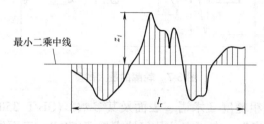

图 3-4　轮廓的最小二乘中线

2. 轮廓算术平均中线 m

轮廓算术平均中线是指在取样长度 l_r 内，将实际轮廓划分上下两部分，且使上下面积相等的直线，即：$F_1+F_3+\cdots+F_{2n-1}=F_2+F_4+\cdots+F_{2n}$，如图 3-5 所示。

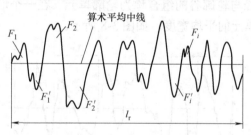

图 3-5　轮廓的算术平均中线

五、表面粗糙度的评定参数

(一) 轮廓的算术平均偏差 Ra

轮廓的算术平均偏差即在一个取样长度 l_r 内，轮廓上各点至基准线的距离的绝对值的算术平均值，如图 3-6 所示。

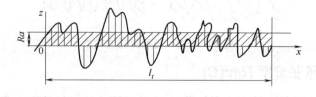

图 3-6　轮廓的算术平均偏差

(二) 轮廓的最大高度 *Rz*

轮廓的最大高度即在一个取样长度 l_r 内，最大轮廓峰高 Z_p 和最大轮廓谷深 Z_v 之和的高度，如图 3-7 所示。

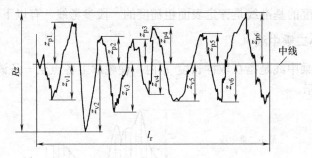

图 3-7　轮廓的最大高度

注：在国标《表面粗糙度　术语　表面及其参数》(GB/T 3505—1983)中，*Rz* 表示"微观不平度的十点高度"，在《产品几何技术规范(GPS)　表面结构　轮廓法　术语、定义及表面结构参数》(GB/T 3505—2009)中，*Rz* 表示"轮廓的最大高度"，在评定和测量时要注意加以区分。

(三) 轮廓单元的平均宽度 *RSm*

在取样长度内轮廓峰与轮廓谷的组合称为轮廓单元。在一个取样长度内，轮廓单元宽度的平均值，称为轮廓单元的平均宽度，如图 3-8 所示。

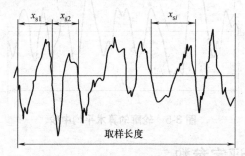

图 3-8　轮廓单元的平均宽度

RSm 是评定轮廓的间距参数，它的大小反映了轮廓表面峰谷的疏密程度，*RSm* 越大，峰谷越稀，密闭性越差，如图 3-9 所示。

图 3-9　*RSm* 与密封性的关系

(四) 轮廓支承长度率 *Rmr(C)*

轮廓支承长度率是指在给定水平位置 *C* 上的轮廓实体材料长度与评定长度的比率，如图 3-10 所示。

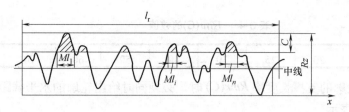

图 3-10 轮廓的支撑长度率

$Rmr(C)$ 的值是对应于不同的 C 值给出的，$Rmr(C)$ 的大小反映了轮廓表面峰谷的形状。$Rmr(C)$ 值越大，表示表面实体材料越长，接触刚度和耐磨性越好，如图 3-11 所示。

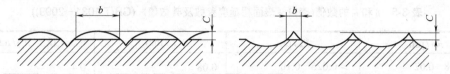

图 3-11 $Rmr(C)$ 与接触刚度的关系

六、表面粗糙度的参数值

表面粗糙度的参数值已经标准化，设计时应按国家标准 GB/T 1031—2009 规定的参数值系列选取。

高度参数见表 3-1 和表 3-2，间距参数见表 3-3，轮廓的支撑长度率见表 3-4。

表 3-1 Ra 的参数值(摘自 GB/T 1031—2009)　　　　　　　　　　　　　　　　单位：μm

0.012	0.2	3.2	50
0.025	0.4	6.3	100
0.05	0.8	12.5	
0.1	1.6	25	

表 3-2 Rz 的参数值(摘自 GB/T 1031—2009)　　　　　　　　　　　　　　　　单位：μm

0.025	0.4	6.3	100
0.05	0.8	12.5	200
0.1	1.6	25	400
0.2	3.2	50	800

表 3-3 RSm 的数值(摘自 GB/T 1031—2009)　　　　　　　　　　　　　　　　单位：μm

0.006	0.1	1.6
0.0125	0.2	3.2
0.025	0.4	6.3
0.05	0.8	12.5

表 3-4　　*Rmr(C)*的数值　　　　　　　　　　　单位：%

10	15	20	25	30	40	50	60	70	80	90

注：选用轮廓的支撑长度率 *Rmr(C)* 时，必须同时给出轮廓的水平截距 *C* 值，*C* 值多用 *Rz* 的百分数表示。

一般情况下，测量 *Ra* 和 *Rz* 值时，推荐按表 3-5 选用对应的取样长度和评定长度，此时在图样上可省略标注取样长度值。当有特殊要求不能选用表 3-5 中的数值时，应在图样上注出取样长度值。

表 3-5　*l*~r~ 和 *l*~n~ 的数值(摘自《表面粗糙度参数及其数值》(GB/T 1031—2009))

$Ra/\mu m$	$Rz/\mu m$	l_r/mm	$l_n(l_n=5l_r)/mm$
≥0.008~0.02	≥0.025~0.10	0.08	0.4
>0.02~0.1	>0.10~0.50	0.25	1.25
>0.1~2.0	>0.50~10.0	0.8	4.0
>2.0~10.0	>10.0~50.0	2.5	12.5
>10.0~80.0	>50.0~320.0	8.0	40.0

任务二　表面粗糙度数值的选择

粗糙度是一项重要的精度指标，因此，要选择合适的粗糙度数值。

任务导入

阀门示例图如图 3-12 所示。

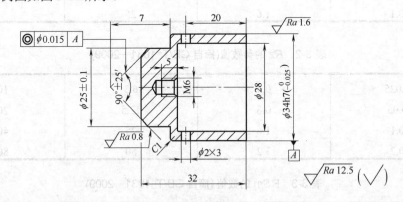

图 3-12　阀门

不同的零件表面，有不同的粗糙度参数和数值的要求，选用不同的粗糙度数值对零件的使用性能有不同的影响。配合表面和非配合表面对于粗糙度的要求肯定有所差别。

理论知识

一、表面粗糙度评定参数的选用

国家标准《产品几何技术规范(GPS) 表面结构 轮廓法 表面粗糙度参数及其数值》(GB/T 1031—2009)规定，表面粗糙度参数应从高度特性参数中选取。

(1) Ra 参数最能充分反映表面微观几何形状高度方面的特性，Ra 值用触针式电动轮廓仪测量也比较简便，所以对于光滑表面和半光滑表面，普遍采用 Ra 作为评定参数。

(2) Rz 参数虽不如 Ra 参数反映的几何特性准确、全面，但 Rz 的概念简单，测量也很简便。Rz 与 Ra 联用，可以评定某些不允许出现较大加工痕迹和受交变应力作用的表面，尤其当被测表面面积很小，不宜采用 Ra 评定时，常采用 Rz 参数。

(3) 附加评定参数 RSm 和 $Rmr(C)$ 只有在高度特征参数不能满足表面功能要求时，才附加选用，例如，对密封性要求高的表面，可以规定 RSm 的值；对支撑刚度和耐磨性要求高的表面，可以规定 $Rmr(C)$ 的值。

二、表面粗糙度主参数值的选用

选用表面粗糙度参数值总的原则是：在满足功能要求的前提下顾及经济性，使参数的允许值尽可能大。

应按国家标准《表面粗糙度参数及其数值》(GB/T 1031—2009)规定的参数值系列选取表面粗糙度参数允许值。

在实际应用中，常用类比法来确定。具体选用时，可先根据经验统计资料初步选定表面粗糙度参数值，然后对比工作条件做适当调整。调整时应考虑以下几点。

(1) 同一零件上，工作表面的粗糙度值应比非工作表面小。

(2) 摩擦表面的粗糙度值应比非摩擦表面小；滚动摩擦表面的粗糙度值应比滑动摩擦表面小。

(3) 运动速度高、单位面积压力大的表面，受交变应力作用的重要零件的圆角、沟槽表面的粗糙度值都应该小。

(4) 配合性质要求越稳定，其配合表面的粗糙度值应越小；配合性质相同时，小尺寸结合面的粗糙度值应比大尺寸结合面小；同一公差等级时，轴的粗糙度值应比孔的小。

(5) 表面粗糙度参数值应与尺寸公差及形状公差相协调。

(6) 防腐性、密封性要求高，外表美观等表面的粗糙度值应较小。

凡有关标准已对表面粗糙度要求做出规定(如与滚动轴承配合的轴颈和外壳孔、键槽、各级精度齿轮的主要表面等)，则应按标准规定的表面粗糙度参数值选用。表 3-6 和表 3-7 列出了相关资料供参考。

表 3-6　圆柱体结合的表面粗糙度 *Ra* 推荐值　　　　　　　　　　μm

应用场合		公称尺寸/mm					
		≤50		>50～120		>120～500	
	公差等级	轴	孔	轴	孔	轴	孔
经常装拆零件的配合表面	IT5	≤0.2	≤0.4	≤0.4	≤0.8	≤0.4	≤0.8
	IT6	≤0.4	≤0.8	≤0.8	≤1.6	≤0.8	≤1.6
	IT7	≤0.8		≤1.6		≤1.6	
	IT8	≤0.8	≤1.6	≤1.6	≤3.2	≤1.6	≤3.2
过盈配合	压入装配 IT5	≤0.2	≤0.4	≤0.4	≤0.8	≤0.4	≤0.8
	压入装配 IT6～IT7	≤0.4	≤0.8	≤0.8	≤1.6	≤1.6	
	压入装配 IT8	≤0.8	≤1.6	≤1.6	≤3.2	≤3.2	
	热装 —	≤1.6	≤3.2	≤1.6	≤3.2	≤1.6	≤3.2

	公差等级	轴	孔
滑动轴承的配合表面	IT6～IT9	≤0.8	≤1.6
	IT10～IT12	≤1.6	≤3.2
	液体湿摩擦条件	≤0.4	≤0.8

	密封结合	对中结合	其他
圆锥结合的工作面	≤0.4	≤1.6	≤6.3

	密封形式 速度/(m·s⁻¹)	≤3	3～5	≥5
密封材料处的孔、轴表面	橡胶圈密封	0.8～1.6(抛光)	0.4～0.8(抛光)	0.2～0.4(抛光)
	毛毡密封	0.8～1.6(抛光)		
	迷宫式	3.2～6.3		
	涂油槽式	3.2～6.3		

		径向跳动	2.5	4	6	10	16	25
精密定心零件的配合表面	IT5～IT8	轴	≤0.05	≤0.1	≤0.1	≤0.2	≤0.4	≤0.8
		孔	≤0.1	≤0.2	≤0.2	≤0.4	≤0.8	≤1.6

	带轮直径/mm		
V 带和平带轮工作表面	≤120	>120～315	>315
	1.6	3.2	6.3

	类型	有垫片	无垫片
箱体分界面(减速箱)	需要密封	3.2～6.3	0.8～1.6
	不需要密封	6.3～12.5	

表 3-7　表面粗糙度的表面微观特征、加工方法及应用实例

表面微观特征		$Ra/\mu m$	$Rz/\mu m$	加工方法	应用示例
粗糙表面	可见刀痕	>20～40	>80～160	粗车、粗刨、粗铣、钻、毛锉、锯断	半成品粗加工过的表面,非配合的加工表面,如轴端面、倒角、钻孔、齿轮、带轮侧面、键槽底面、垫圈接触面等
	微见刀痕	>10～20	>40～80		
半光表面	可见加工痕迹	>5～10	>20～40	车、刨、铣、镗、钻、粗铰	轴上不安装轴承、齿轮处的非配合表面,紧固件的自由装配表面,轴和孔的退刀槽等
	微见加工痕迹	>2.5～5	>10～20	车、刨、铣、镗、磨、拉、粗刮、滚压	半精加工表面,箱体,支架,盖面,套筒等和其他零件结合而无配合要求的表面,需要法兰的表面等
	不可见加工痕迹	>1.25～2.5	>6.3～10	车、刨、铣、镗、磨、拉、刮、压、铣齿	接近于精加工表面,箱体上安装轴承的镗孔表面,齿轮的工作表面
光表面	可见加工痕迹	>0.63～1.25	>3.2～6.3	车、镗、磨、拉、刮、精铰、磨齿、滚压	圆柱销、圆锥销与滚动轴承配合的表面,卧式车床导轨面,内、外花键定位表面
	微见加工痕迹	>0.32～0.63	>1.6～3.2	精铰、精镗、磨刮、滚压	要求配合性质稳定的配合表面,工作时受交变应力的重要零件,较高精度车床的导轨面
	不可见加工痕迹	>0.16～0.32	>0.8～1.6	精磨、研磨、珩磨、超精加工	精密机床主轴锥孔,顶尖圆锥面,发动机曲轴、凸轮轴工作表面,高精度齿轮齿面

任务实施

如图 3-12 所示阀门,圆锥面要求高,表面粗糙度参数 Ra 取 0.8μm,ϕ34h7 面为配合面,表面粗糙度参数 Ra 取 1.6 μm,其余需机加工的表面粗糙度参数 Ra 取 12.5 μm。

任务三　表面粗糙度的代号及标注

任务导入

粗糙度标注示例如图 3-13 所示。

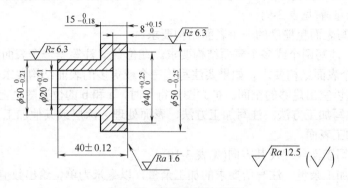

图 3-13　粗糙度标注示例

任务分析

选择好粗糙度参数和数值后，应该正确地标注在图纸的合适位置上，粗糙度数值的标注有比较大的变化，其标注的位置也相对灵活一些。但是还是要符合标准规定才可以。

理论知识

一、粗糙度符号简介

按国家标准《产品几何技术规范(GPS) 技术产品文件中表面结构的表示法》(GB/T 131—2006)中规定的符号，见表3-8。

表3-8 表面粗糙度的符号

符 号	说 明
 √	表示表面可用任何方法获得。当不加注粗糙度参数值或有关说明(例如表面处理，局部热处理状况等)时，仅适用于简化代号标注
 √	表示表面是用去除材料的方法获得。例如车、铣、钻、磨、剪切、抛光、腐蚀、电火花加工、气割等
 √	表示表面是用不去除材料的方法获得。例如铸、锻、冲压变形、热轧、冷轧、粉末冶金等或者是用于保持原供应状况的表面(包括保持上道工序的状况)
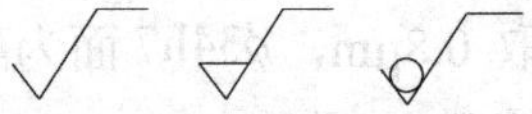 √ √ √	在上述三个符号的长边上均加一横线，用于标注有关参数和说明
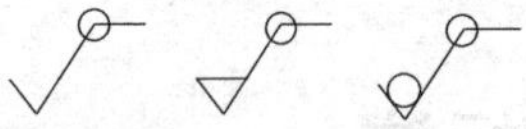 √ √ √	在上述三个符号上均加一小圆，表示所有表面具有相同的表面粗糙度要求

二、粗糙度代号

如图 3-14 所示，为了明确表面粗糙度要求，除标注表面主要结构要求(表面粗糙度参数代号和数值，取样长度等)外，必要时应标注补充要求，补充要求包括加工方法、加工纹理方向、加工余量等(见表3-9)。

位置 a：注写表面粗糙度的一个表面结构要求。

位置 a、b：注写两个或多个表面结构要求。在位置 a 注写第一个表面结构要求，在位置 b 注写第二个表面结构要求。如果要注写第三个或更多的表面结构要求，图形符号应在垂直方向扩大，以空出足够的空间。扩大图形符号时，a 和 b 的位置随之上移。

位置 c：注写加工方法。注写加工方法、表面处理、涂层或其他加工工艺要求等，如车、磨、镀等加工表面。

位置 d：注写表面纹理及其方向(见表3-10)。

置 e：注写加工余量。注写所要求的加工余量，以毫米为单位给出数值。

表 3-9　表面粗糙度代号(摘自 GB/T 131—2006)

符　　号	含义/解释
$Rz\,0.4$	表示不允许去除材料，单向上限值，默认传输带，表面粗糙度的最大高度为 0.4μm，评定长度为 5 个取样长度(默认)，"16%规则"(默认)
$Rz\,max\,0.2$	表示去除材料，单向上限值，默认传输带，表面粗糙度的最大高度为 0.2μm，评定长度为 5 个取样长度(默认)，"最大规则"
$0.008-0.8/Ra\,3.2$	表示去除材料，单向上限值传输带 0.008～0.8mm，算术平均偏差为 3.2μm，评定长度为 5 个取样长度(默认)，"16%(规则)"(默认)

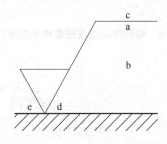

图 3-14　表面粗糙度代号

表 3-10　纹理和方向的符号(摘自 GB/T 131—2006)

符　　号	说　　明	示　意　图
=	纹理平行于标注代号的视图的投影面	
⊥	纹理垂直于标注代号的视图的投影面	
×	纹理呈两相交的方向	
M	纹理呈多方向	

三、表面粗糙度在图样上的标注方法

(1) 图样上，表面粗糙度代(符)号应注在可见轮廓线、尺寸线、尺寸界线或它们的延长线上，也可以注在指引线上，如图 3-15 至图 3-18 所示 。

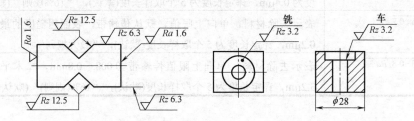

图 3-15 粗糙度标注在轮廓线上或指引线上

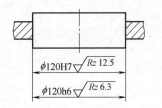

图 3-16 粗糙度要求标注在尺寸线上

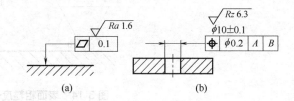

图 3-17 表面粗糙度要求标注在形位公差框格的上方

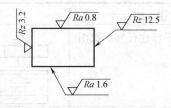

图 3-18 表面粗糙度的注写方向

(2) 表面粗糙度的简化标注。如果在工件的多数(包括全部)表面有相同的表面粗糙度要求，其表面粗糙度要求可统一标注在图样的标题栏附近。

大多数表面有相同的表面粗糙度要求的简化标注如图 3-19 和图 3-20 所示。

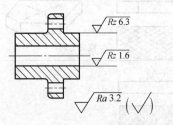

图 3-19 表面粗糙度简化标注(1)

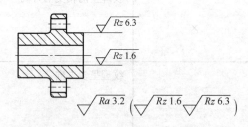

图 3-20 表面粗糙度简化标注(2)

(3) 表面粗糙度图形标注的演变见表 3-11。

表 3-11 表面粗糙度的图形演变

序 号	GB/T 131 的版本			说明主要问题的示例
	1983(第一版)[a]	1993(第二版)[b]	2006(第三版)[c]	
1	$\sqrt{}$ 1.6	$\sqrt{}$ 1.6　$\sqrt{}$ 1.6	$\sqrt{Ra\,1.6}$	Ra 只采用 "16%规则"
2	$Ry\,3.2$ $\sqrt{}$	$Ry\,3.2$ $\sqrt{}$　$Ry\,3.2$ $\sqrt{}$	$\sqrt{Rz\,3.2}$	除了 Ra "16%规则" 的参数
3	__d	1.6_{max} $\sqrt{}$	$\sqrt{Ra\,max\,1.6}$	"最大规则"
4	$\frac{1.6}{}$ 0.8 $\sqrt{}$	$\frac{1.6}{}$ 0.8 $\sqrt{}$	$\sqrt{-0.8/Ra\,1.6}$	Ra 加取样长度
5	__d	__d	$\sqrt{0.025-0.8/Ra\,1.6}$	传输带
6	$Ry\,3.2$ 0.8 $\sqrt{}$	$Ry\,3.2$ 0.8 $\sqrt{}$	$\sqrt{-0.8/Rz\,6.3}$	除 Ra 外其他参数及取样长度
7	$\frac{1.6}{Ry\,6.3}$ $\sqrt{}$	$\frac{1.6}{Ry\,6.3}$ $\sqrt{}$	$\sqrt{\frac{Ra\,1.6}{Rz\,6.3}}$	Ra 及其他参数
8	__d	$Ry\,3.2$ $\sqrt{}$	$\sqrt{Rz\,3\,6.3}$	评定长度中的取样长度个数如果不是 5
9	__d	__d	$\sqrt{L\,Ra\,1.6}$	下限值
10	$\frac{3.2}{1.6}$ $\sqrt{}$	$\frac{3.2}{1.6}$ $\sqrt{}$	$\sqrt{\frac{U\,Ra\,3.2}{L\,Ra\,1.6}}$	上、下限值

注：a 表示既没有定义默认值也没有其他的细节，尤其是

　　——无默认评定长度；

　　——无默认取样长度；

　　——无 "16%规则" 或 "最大规则"。

　　b 表示在 GB/T 3505—1983 和 GB/T 10610—1989 中定义的默认值和规则仅用于参数 Ra、Ry 和 Rz(十点高度)。此外，GB/T 131—1993 中存在着参数代号书写不一致问题，标准正文要求参数代号第二个字母标注为下标，但在所有的图表中，第二个字母都是小写，而当时所有的其他表面粗糙度标准都使用下标。

　　c 新的 Rz 为原 Ry 的定义，原符号 Ry 不再使用。

　　__d 表示没有该项。

任务四　表面粗糙度检测(实训)

测量表面粗糙度的方法很多，下面仅介绍几种常用的测量方法。

一、比较法

比较法就是将被测零件表面与表面粗糙度样板[见图 3-21(a)]通过视觉、触感或其他方法比较后，对被检表面的粗糙度做出评定的方法。用比较法评定表面粗糙度虽然不能精确地得出被检表面的粗糙度数值，但由于器具简单，使用方便且能满足一般的生产要求，故常用于生产现场。

二、光切法

光切法就是利用"光切原理"来测量零件表面的粗糙度，工厂计量部门用的光切显微镜 [又称双管显微镜，图 3-21(b)]就是应用这一原理设计而成的。光切法一般用于测量表面粗糙度的 Rz 与 Ry 参数，参数的测量范围视仪器的型号不同而有所差异。

三、干涉法

干涉法就是利用光波干涉原理来测量表面粗糙度，使用的仪器叫作干涉显微镜[见图 3-21(c)]。通常干涉显微镜用于测量 Rz 与 Ry 参数，并可测到较小的参数值，一般测量范围是 0.03～1μm。

四、针描法

针描法又称感触法，它是利用金刚石针尖与被测表面相接触，当针尖以一定速度沿着被测表面移动时，被测表面的微观不平将使触针在垂直于表面轮廓方向上产生上下移动，将这种上下移动转换为电信号并加以处理。人们可对记录装置记录得到的实际轮廓图进行分析计算，或直接从仪器的指示表中获得参数值。采用针描法测量表面粗糙度的仪器叫作电动轮廓[(见图 3-21(d)]，它可以直接指示 Ra 值，也可以经放大器记录出图形，作为 Rz、Ry 等多种参数的评定依据。

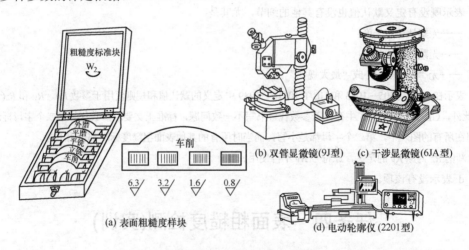

图 3-21　表面粗糙度常用测量仪器

习　　题

一、判断题

1. 摩擦表面比非摩擦表面表面粗糙度要大。　　　　　　　　　　　　　　　　（　　）
2. 零件表面粗糙度数值越小，其尺寸公差和形状公差要求越高。　　　　　　　（　　）
3. 零件表面越粗糙，越容易造成零件因疲劳强度的降低而失效。　　　　　　　（　　）

4. *RSm* 数值越大，密封性越好。 ( )

5. *Rmr*(*C*)越大，表示接触表面实体材料越长，接触刚度和耐磨性越好。 ( )

二、选择题

1. 测量表面粗糙度时，规定取样长度是为了( )。
   A. 减少波纹度的影响 　　　　　　 B. 能测出波距
   C. 考虑加工表面的不均匀性 　　　 D. 使测量方便

2. 表面粗糙度的基本评定参数是( )。
   A. *RSm* 　　　　 B. *Ra* 　　　　 C. Z_p 　　　　 D. X_s

3. 表面粗糙度代号表示( )。
   A. *Ra* 为 0.8μm 　　　　　　　 B. *Ra* ≤ 0.8μm
   C. *Ra* ≥ 0.8μm 　　　　　　　 D. *Ra* 的上限值为 0.8 μm

4. 表面粗糙度的值越小，零件的( )。
   A. 耐磨性越差 　　　　　　　　 B. 疲劳强度越高
   C. 加工越容易 　　　　　　　　 D. 传动灵敏性越差

三、简答题

1. 表面粗糙度对零件的使用性能有何影响？

2. 规定取样长度和评定长度的目的是什么？

3. 表面粗糙度国家标准中规定了哪些评定参数？其中哪些是主参数？

四、解释图 3-22 中表面粗糙度标注代号的含义。

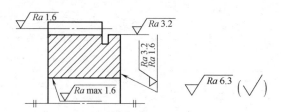

图 3-22 习题四图

五、试判断图 3-23 所示表面粗糙度代号的标注是否有错误。若有加以改正。

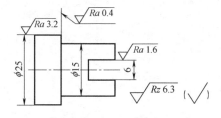

图 3-23 习题五图

六、试将下列表面粗糙度要求标注在图 3-24 所示的图样上(各表面均用去除材料的方法获得)

(1) $\phi 1$ 圆柱表面粗糙度参数 Ra 上限值为 6.4μm。

(2) 零件左端面表面粗糙度参数 Ra 上限值为 3.2μm。

(3) 零件右端面表面粗糙度参数 Ra 上限值为 3.2μm。

(4) $\phi 2$ 内孔表面粗糙度参数 Rz 上限值为 6.3μm。

(5) 螺纹 M 工作面的表面粗糙度参数 Ra 上限值为 6.4μm，下限值为 3.2μm。

(6) 其余各面表面粗糙度参数 Ra 上限值为 12.5μm。

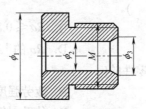

图 3-24 习题六图

项目四　普通计量器具的选择和光滑极限量规

知识目标

- 理解安全裕度和验收极限的概念。
- 掌握验收极限的确定。
- 理解光滑极限量规的特点、作用和种类。
- 理解泰勒原则的含义。
- 掌握工作量规公差带分布。

能力目标

- 能正确选择通用计量器具。
- 能设计简单的工作量规。
- 掌握工作量规的使用方法。

任务一　用通用计量器具测量光滑工件

任务导入

检验如图 4-1 所示的减速器输出轴 $\phi45m6\textcircled{E}$ 外径(单件或小批量生产)。要求完成:

(1) 掌握光滑工件检验时的验收原则,标准规定的安全裕度和验收极限。

(2) 根据被测工件尺寸精度要求,选择满足测量精度要求且测量方便易行、成本经济的通用计量器具。

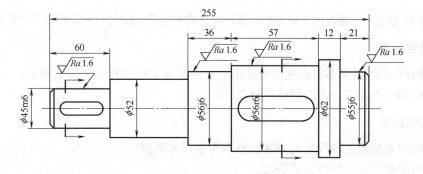

图 4-1　减速器输出轴

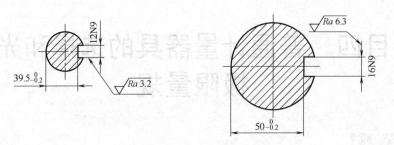

图 4-1　减速器输出轴(续)

任务分析

在各种几何量的测量中，尺寸检测是最基本的。由于被测零件的形状、大小、精度要求和使用场合的不同，采用的计量器具也不同。

对于单件或小批量生产的零件，常采用通用计量器具来检测；对于大批量生产的零件，为提高检测效率，多采用量规来检验。

理论知识

一、确定验收极限

(一) 误废与误收

误废：将公差带之内的合格品判为废品。

误收：将本来在公差带之外的废品判为合格品。

为了保证产品质量，《产品几何技术规范(GPS)　光滑工件　尺寸的检测》(GB/T 3177—2009)对验收原则、验收极限和计量器具的选择等作了规定。

(二) 验收极限和安全裕度

国家标准通过安全裕度来防止因测量的不确定度而造成的误收，确定验收极限。

1. 验收原则

所用验收方法应只接收位于规定的极限尺寸之内的工件，即允许有误废而不允许有误收。

2. 安全裕度

安全裕度(A)即测量不确定度的允许值。它由被测工件的尺寸公差值确定，一般取工件尺寸公差值的10%左右，A 的数值可查表 4-1。

3. 验收极限

验收极限是检验工件尺寸时判断合格与否的尺寸界限。

验收极限按照以下两种方式确定。

方法一：安全裕度(A)不为零，验收极限则从规定的最大实体尺寸(MML)和最小实体尺寸(LML)分别向工件公差带内移动一个安全裕度(A)来确定，如图 4-2 所示。

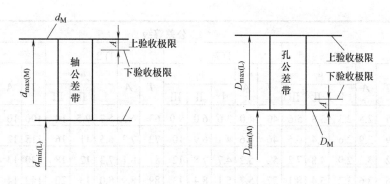

图 4-2　安全裕度与验收极限

上验收极限=最大极限尺寸-安全裕度 A

下验收极限=最小极限尺寸+安全裕度 A

方法二：安全裕度(A)为零，验收极限等于工件尺寸的最大实体尺寸(MMS)和最小实体尺寸(LMS)。

上验收极限=最大极限尺寸

下验收极限=最小极限尺寸

二、选择计量器具

计量器具的不确定度是产生"误收""误废"的主要因素，国家标准《产品几何技术规范(GPS)　光滑工件　尺寸的检验》(GB/T 3177—2009)规定按照计量器具的不确定度允许值 u_1 选择计量器具，以保证测量结果的可靠性。

在选择计量器具时，所选择的计量器具的不确定度应小于或等于计量器具不确定度的允许值 u_1。u_1 值大小分为Ⅰ、Ⅱ、Ⅲ档，一般情况下，优先选用Ⅰ档，其次为Ⅱ档、Ⅲ档。

计量器具不确定度的允许值 u_1 见表 4-1。常用的游标卡尺、千分尺、比较仪和指示表的不确定度见表 4-2、表 4-3 及表 4-4。

表 4-1　安全裕度 A 与计量器具的测量不确定度的允许值 u_1

公称尺寸 /mm		公差等级																			
		IT6					IT7					IT8					IT9				
		T	A	u_1			T	A	u_1			T	A	u_1			T	A	u_1		
大于	至			Ⅰ	Ⅱ	Ⅲ			Ⅰ	Ⅱ	Ⅲ			Ⅰ	Ⅱ	Ⅲ			Ⅰ	Ⅱ	Ⅲ
—	3	6	0.6	0.54	0.9	1.4	10	1.0	0.9	1.5	2.3	14	1.4	1.3	2.1	3.2	25	2.5	2.3	3.8	5.6
3	6	8	0.8	0.72	1.2	1.8	12	1.2	1.1	1.8	2.7	18	1.8	1.6	2.7	4.1	30	3.0	2.7	4.5	6.8
6	10	9	0.9	0.81	1.4	2.0	15	1.5	1.4	2.3	3.4	22	2.2	2.0	3.3	5.0	36	3.6	3.3	5.4	8.1
10	18	11	1.1	1.0	1.7	2.5	18	1.8	1.7	2.7	4.1	27	2.7	2.4	4.1	6.1	43	4.3	3.9	6.5	9.7
18	30	13	1.3	1.2	2.0	2.9	21	2.1	1.9	3.2	4.7	33	3.3	3.0	5.0	7.4	52	5.2	4.7	7.8	12
30	50	16	1.6	1.4	2.4	3.6	25	2.5	2.3	3.8	5.6	39	3.9	3.5	5.9	8.8	62	6.2	5.6	9.3	14
50	80	19	1.9	1.7	2.9	4.3	30	3.0	2.7	4.5	6.8	46	4.6	4.1	6.9	10	74	7.4	6.7	11	17
80	120	22	2.2	2.0	3.3	5.0	35	3.5	3.2	5.3	7.9	54	5.4	4.9	8.1	12	87	8.7	7.8	13	20

公称尺寸/mm		公差等级																		
		IT6					IT7					IT8					IT9				
		T	A	u_1			T	A	u_1			T	A	u_1			T	A	u_1		
大于	至			I	II	III			I	II	III			I	II	III			I	II	III
120	180	25	2.5	2.3	3.8	5.6	40	4.0	3.6	6.0	9.0	63	6.3	5.7	9.5	14	100	10	9.0	15	23
180	250	29	2.9	2.6	4.4	6.5	46	4.6	4.1	6.9	10	72	7.2	6.5	11	16	115	12	10	17	26
250	315	32	3.2	2.9	4.8	7.2	52	5.2	4.7	7.8	12	81	8.1	7.3	12	18	130	13	12	19	29
315	400	36	3.6	3.2	5.4	8.1	57	5.7	5.1	8.4	13	89	8.9	8.0	13	20	140	14	13	21	32
400	500	40	4.0	3.6	6.0	9.0	63	6.3	5.7	9.5	14	97	9.7	8.7	15	22	155	16	14	23	35

公称尺寸/mm		公差等级																	
		IT10					IT11					IT12				IT13			
		T	A	u_1			T	A	u_1			T	A	u_1		T	A	u_1	
大于	至			I	II	III			I	II	III			I	II			I	II
—	3	40	4.0	3.6	6.0	9.0	60	6.0	5.4	9.0	14	100	10	9.0	15	140	14	13	21
3	6	48	4.8	4.3	7.2	11	75	7.5	6.8	11	17	120	12	11	18	180	18	16	27
6	10	58	5.8	5.2	8.7	13	90	9.0	8.1	14	20	150	15	14	23	220	22	20	33
10	18	70	7.0	6.3	11	16	110	11	10	17	25	180	18	16	27	270	27	24	41
18	30	84	8.4	7.6	13	19	130	13	12	20	29	210	21	19	32	330	33	30	50
30	50	100	10	9.0	15	23	160	16	14	24	36	250	25	23	38	390	39	35	59
50	80	120	12	11	18	27	190	19	17	29	43	300	30	27	45	460	46	41	69
80	120	140	14	13	21	32	220	22	20	33	50	350	35	32	53	540	54	49	81
120	180	160	16	15	24	36	250	25	23	38	56	400	40	36	56	630	63	57	95
180	250	185	18	17	28	42	290	29	26	44	65	460	46	41	69	720	72	65	110
250	315	210	21	19	32	47	320	32	29	48	72	520	52	47	78	810	81	73	120
315	400	230	23	21	35	52	360	36	32	64	81	570	57	51	86	890	89	80	130
400	500	250	25	23	38	56	400	40	36	60	90	630	63	57	95	970	97	87	150

表 4-2 千分尺和游标卡尺的不确定度

尺寸范围		计量器具类型			
大于	至	分度值 0.01 外径千分尺	分度值 0.01 内径千分尺	分度值 0.01 游标卡尺	分度值 0.05 游标卡尺
0	50	0.004			
50	100	0.005	0.008		0.050
100	150	0.006		0.020	
150	200	0.007			
200	250	0.008	0.013		0.100
250	300	0.009			

续表

尺寸范围		计量器具类型			
大于	至	分度值 0.01 外径千分尺	分度值 0.01 内径千分尺	分度值 0.01 游标卡尺	分度值 0.05 游标卡尺
300	350	0.010			
350	400	0.011	0.020		
400	450	0.012		0.020	0.100
450	500	0.013	0.025		

注：当采用比较测量时，千分尺的不确定度可小于本表规定的数值，一般可减小 40%。

表 4-3　比较仪的不确定度

尺寸范围		所使用的计量器具			
		分度值为 0.0005(相当于放大倍数 2000倍)的比较仪	分度值为 0.001(相当于放大倍数 1000 倍)的比较仪	分度值为 0.002(相当于放大倍数 400倍)的比较仪	分度值为 0.005(相当于放大倍数 250 倍)的比较仪
大于	至	不确定度			
0	25	0.0006	0.0010	0.0017	
25	40	0.0007			
40	65	0.0008	0.0011	0.0018	0.0030
65	90				
90	115	0.0009	0.0012		
115	165	0.0010	0.0013	0.0019	
165	215	0.0012	0.0014	0.0020	
215	265	0.0014	0.0016	0.0021	0.0035
265	315	0.0016	0.0017	0.0022	

注：测量时，使用的标准器由 4 块 1 级(或 4 等)量块组成。

表 4-4　指示表的不确定度

尺寸范围		所使用的计量器具			
		分度值为 0.001 的千分表(0 级在全程范围内，1 级在 0.2mm 内)分度值为 0.002 千分表(在 1 转范围内)	分度值为 0.001、0.002、0.005 的千分表(1 级在全程范围内)分度值为 0.01 的百分表(0 级在任意 1mm 内)	分度值为 0.01 的百分表(0 级在全程范围内，1 级在任意 1mm 内)	分度值为 0.01 的百分表(1 级在全程范围内)
大于	至	不确定度			
0	115	0.005	0.010	0.018	0.030
115	315	0.006			

任务实施

检验减速器输出轴ϕ45m6 外径：

此工件遵守包容要求，故应按方法 1 确定验收极限

由表 4-1 查得安全裕度 A=1.6，查表 1-1、表 1-2 知，es=0.025mm，ei=0.009mm

计算可得：上验收极限=45mm+0.025mm−0.0016mm=45.0234mm

下验收极限=45mm+0.009mm+0.0016mm=45.0106mm

由表 4-1 查得测量器具不确定度的允许值 u_1=1.4，由表 4-4 查得分度值为 0.001 的比较仪不确定度 0.0011mm，小于 0.0014mm，所以能满足要求。

任务二　用光滑极限量规检验工件

任务导入

测量减速器输出轴ϕ45m6 外径(大批量生产)，如图 4-1 所示。按要求完成测量减速器输出轴ϕ45m6 外径(大批量生产)，需要设计与零件检验要求相适应的光滑极限量规(工作量规)，要求画出量规的工作图，并标注尺寸及技术要求。

任务分析

要设计工作量规，首先要掌握量规的特点、设计原则，国家标准对量规的规定，从而设计出合适的工作量规。

理论知识

光滑极限量规是指被检验工件为光滑孔或光滑轴所用的极限量规的总称，是一种无刻度、成对使用的专用检验器具，它适用于大批量生产、遵守包容要求的轴、孔检验。

用光滑极限量规检验零件时，只能判断零件是否在规定的验收极限范围内，而不能测出零件实际尺寸和形位误差的数值。

量规结构设计简单，使用方便、可靠，检验零件的效率高。

一、光滑极限量规分类

(一) 按被检工件类型分类

(1) 塞规：指用以检验被测工件为孔的量规。

(2) 卡规：指用以检验被测工件为轴的量规。

量规有通规和止规，应成对使用，如图 4-3 所示。通规用来模拟最大实体边界，检验孔或轴的实际尺寸是否超越该理想边界，止规用来模拟最小实体边界，检验孔或轴是否超越该理想边界。

提示：　用光滑极限量规检验零件时，当通规通过被检轴或孔，同时止规不能通过被检轴或孔，则被检轴或孔合格。

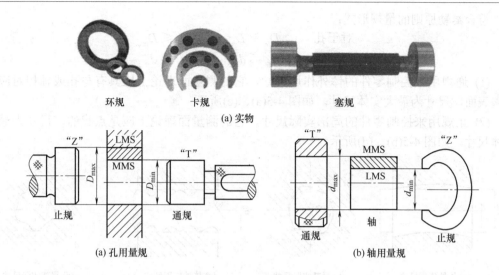

环规　　　　　　卡规　　　　　　　　塞规

(a) 实物

(a) 孔用量规　　　　　　　　　　　(b) 轴用量规

图 4-3　光滑极限量规

(二) 按量规的用途分类

(1) 工作量规：指在加工工件的过程中用于检验工件的量规，由操作者使用。

(2) 验收量规：指验收者(检验员或购买机械产品的客户代表)用以验收工件的量规。

(3) 校对量规：专门用于校对轴工件用的工作量规——卡规或环规的量规。因为卡规和环规的工作尺寸属于孔尺寸，尺寸精度高，难以用一般计量器具测量，故标准规定了校对量规。

二、光滑极限量规的设计原则——泰勒原则

泰勒原则：孔的体外作用尺寸应大于或等于孔的最小极限尺寸，并在任何位置上孔的最大实际尺寸应小于或等于孔的最大极限尺寸；轴的体外作用尺寸应小于或等于轴的最大极限尺寸，并在任何位置上轴的最小实际尺寸应大于或等于轴的最小极限尺寸，如图 4-4 所示。

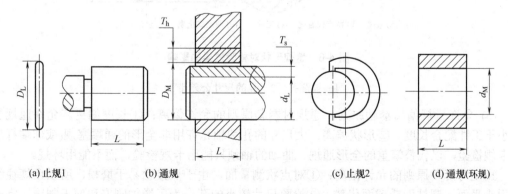

(a) 止规1　　　(b) 通规　　　　　　　(c) 止规2　　　(d) 通规(环规)

图 4-4　孔、轴体外作用尺寸 D_{fe} 、d_{fe} 与局部实际尺寸 D_a 、d_a

D_M 、D_L —孔的最大、最小实体尺寸；d_M 、d_L —轴的最大、最小实体尺寸；L —配合长度

符合泰勒原则的量规形式：

$$对于孔 \qquad D_{fe} \geq D_{min} \qquad 且D_a \leq D_{max}$$
$$对于轴 \qquad d_{fe} \leq d_{max} \qquad 且d_a \geq d_{min}$$

(1) 通规用来控制零件的体外作用尺寸，它的测量面理论上应具有与孔或轴相对应的完整表面，尺寸为最大实体尺寸，如图 4-5(a)、(c)所示。

(2) 止规用来控制零件的局部实际尺寸，它的测量面理论上应是点状的，尺寸为最小实体尺寸，如图 4-5(b)、(d)所示。

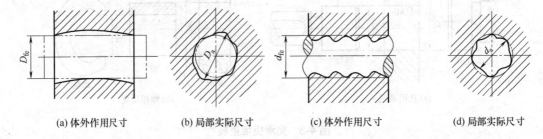

(a) 体外作用尺寸　(b) 局部实际尺寸　(c) 体外作用尺寸　(d) 局部实际尺寸

图 4-5　光滑极限量规

(3) 用符合泰勒原则的量规检验孔或轴时，若通规能够自由通过，且止规不能通过，则表示被测孔或轴合格；若通规不能通过，或者止规能够通过，则表示被测孔或轴不合格。

(4) 当量规形式不符合泰勒原则时，有可能将不合格品判为合格品，如图 4-6 所示。该孔用全形通规检验时，能通过；用两点式止规检验，虽然在 x 方向不能通过，但沿 y 方向能通过，于是该孔被判断为不合格品。相反，该孔若用两点式通规检验，则沿 x、y 方向能通过；若用全形止规检验，则不能通过，这样由于使用的量规形状不正确，就把该孔判断为合格品。

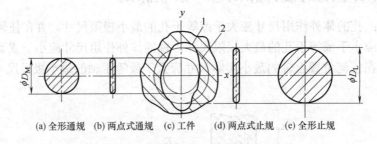

(a) 全形通规　(b) 两点式通规　(c) 工件　(d) 两点式止规　(e) 全形止规

图 4-6　量规形状对检验效果的影响

1—被测孔；2—孔的尺寸公差带

(5) 允许量规偏离泰勒原则。通规对泰勒原则的允许偏离：①长度偏离。允许通规长度小于工件配合长度。②形状偏离。大尺寸的孔和轴允许用非全形的通端塞规(或球端杆规)和卡规检验，以代替笨重的全形通规。曲轴的轴颈只能用卡规检验，而不能用环规。

止规对泰勒原则的允许偏离：①对点状测量面。由于点接触易于磨损，所以止规往往改用小平面、圆柱面或球面代替。②检验尺寸较小的孔。为了增加刚度和便于制造，常改用全形塞规。③对于刚性不好的薄壁零件。若用点状止规检验，会使工件发生变形，故改用全形塞规或环规。

三、量规公差带

制造量规也会产生误差，需要规定制造公差。

工作量规"通规"通过工件会产生磨损，需要规定磨损极限；工作量规"止规"磨损少，不规定磨损极限。

(一) 工作量规的公差带

《光滑极限量规　技术条件》(GB/T 1957—2006)规定，量规公差带采用"内缩方案"，即将量规的公差带全部限制在被测孔、轴公差带之内，它能有效地控制误收，从而保证产品质量与互换性。

工作量规"止规"制造公差带从工件最小实体尺寸起，向工件的公差带内分布，如图 4-7 所示。

图 4-7 中 T_1 为工作量规尺寸公差，Z_1 为通规尺寸公差带的中心线到工件最大实体尺寸的距离(位置要素)。

《光滑极限量规　技术条件》(GB/T 1957—2006)规定了公称尺寸至 500mm 公差等级 IT6 至 IT14 的孔与轴所用的工作量规的制造公差 T_1 和通规位置要素 Z_1 值见表 4-5。

工作量规"通规"制造公差带对称于 Z_1 值，磨损极限与工件的最大实体尺寸重合。

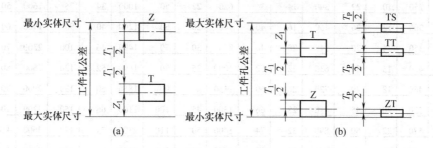

图 4-7　量规公差带

表 4-5　工作量规的尺寸公差值及通规位置要素(摘要)

工件基本尺寸 D/mm	IT6			IT7			IT8			IT9			IT10			IT11		
	IT6	T	Z	IT7	T	Z	IT8	T	Z	IT9	T	Z	IT10	T	Z	IT11	T	Z
～3	6	1	1	10	1.2	1.6	14	1.6	2	25	2	4	40	2.4	4	60	3	6
>3～6	8	1.2	1.4	12	1.4	2	18	2	2.6	30	2.4	4	48	3	5	75	4	8
>6～10	9	1.4	1.6	15	1.8	2.4	22	2.4	3.2	36	2.8	5	58	3.6	6	90	5	9
>10～18	11	1.6	2	18	2	2.8	27	2.8	4	43	3.4	6	70	4	8	110	6	11
>18～30	13	2	2.4	21	2.4	3.4	33	3.4	5	52	4	7	84	5	9	130	7	13
>30～50	16	2.4	2.8	25	3	4	39	4	6	62	5	8	100	6	11	160	8	16
>50～80	19	2.8	3.4	30	3.6	4.6	46	4.6	7	74	6	9	120	7	13	190	9	19
>80～120	22	3.2	3.8	35	4.2	5.4	54	5.4	8	87	7	10	140	8	15	220	10	22

工件基本尺寸 D/mm	IT6			IT7			IT8			IT9			IT10			IT11		
	IT6	T	Z	IT7	T	Z	IT8	T	Z	IT9	T	Z	IT10	T	Z	IT11	T	Z
>120~180	25	3.8	4.4	40	4.8	6	63	6	9	100	8	12	160	9	18	250	12	25
>180~250	29	4.4	5	46	5.4	7	72	7	10	115	9	14	185	10	20	290	14	29
>250~315	32	4.8	5.6	52	6	8	81	8	11	130	10	16	210	12	22	320	16	32
>315~400	36	5.4	6.2	57	7	9	89	9	12	140	11	18	230	14	25	360	18	36
>400~500	40	6	7	63	8	10	97	10	14	155	12	20	250	16	28	400	20	40

工件基本尺寸 D/mm	IT12			IT13			IT14			IT15			IT16		
	IT12	T	Z	IT13	T	Z	IT14	T	Z	IT15	T	Z	IT16	T	Z
~3	100	4	9	140	6	14	250	9	20	400	14	30	600	20	40
>3~6	120	5	11	180	7	16	300	11	25	480	16	35	750	25	50
>6~10	150	6	13	220	8	20	360	13	30	580	20	40	900	30	60
>10~18	180	7	15	270	10	24	430	15	35	700	24	50	1100	35	75
>18~30	210	8	18	330	12	28	520	18	40	840	28	60	1300	40	90
>30~50	250	10	22	390	14	34	620	22	50	1000	34	75	1600	50	110
>50~80	300	12	26	460	16	40	740	26	60	1200	40	90	1900	60	130
>80~120	350	14	30	540	20	46	870	30	70	1400	46	100	2200	70	150
>120~180	400	16	35	630	22	52	1000	35	80	1600	52	120	2500	80	180
>180~250	460	18	40	720	26	60	1150	40	90	1850	60	130	2900	90	200
>250~315	520	20	45	810	28	66	1300	45	100	2100	66	150	3200	100	220
>315~400	570	22	50	890	32	74	1400	50	110	2300	74	170	3600	110	250
>400~500	630	24	55	970	36	80	1550	55	120	2500	84	190	4000	120	280

(二) 校对量规的公差带

1. 校对量规的分类

"校通-通" (TT): 检验轴用量规"通规"的校对量规, 作用是防止通规尺寸过小, 检验时应通过。

"校止-通" (ZT): 检验轴用量规"止规"的校对量规, 作用是防止止规尺寸过小, 检验时应通过。

"校通-损" (TS): 检验轴用量规"通规"磨损极限的校对量规, 作用是校对轴用通规是否已磨损到磨损极限, 校对时不应通过。

2. 校对量规的公差带

TT 公差带从通规的下偏差开始向轴用工作量规通规公差带内分布。

ZT 公差带从止规的下偏差开始向轴用工作量规止规公差带内分布。

TS 公差带从通规的磨损极限开始向轴用工作量规通规公差带内分布。

三种校对量规的尺寸公差 T_p 均取被校对量规尺寸公差 T_1 的一半, 即 $T_p = T_1/2$。

四、工作量规设计

(一) 量规的结构形式

量规的结构形式很多，合理地选择和使用，对正确判断检验结果影响很大，图 4-8、图 4-9 列出了国家标准推荐的常用量规的结构形式，具体应用时还可查阅《螺纹量规和光滑极限量规　型式及尺寸》(GB/T 10920—2008)。

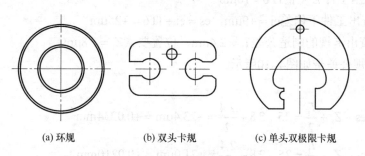

(a) 环规　　　　(b) 双头卡规　　　　(c) 单头双极限卡规

图 4-8　常用轴用卡规的结构形式

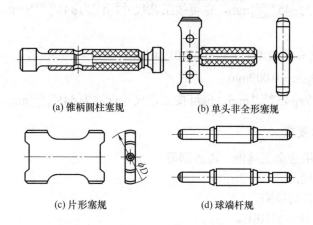

(a) 锥柄圆柱塞规　　　　　　(b) 单头非全形塞规

(c) 片形塞规　　　　　　(d) 球端杆规

图 4-9　常用孔用塞规的结构形式

(二) 量规工作尺寸的计算

(1) 从国家标准《极限与配合》中查出孔与轴的尺寸极限偏差。

(2) 由表 4-5 查出量规制造公差 T_1 和位置要素 Z_1 值。

(3) 计算量规的工作尺寸和极限偏差。

(三) 量规的技术要求

(1) 量规测量面的材料，可用渗碳钢、碳素工具钢、合金结构钢和合金工具钢等耐磨材料。测量规测量面的硬度，取决于被检验零件的基本尺寸、公差等级和粗糙度以及量规的制造工艺水平。

(2) 量规的形位公差应控制在尺寸公差带内，形位公差值不大于尺寸公差的 50%，考虑到制造和测量的困难，当量规的尺寸公差小于或等于 0.002mm 时，其形位公差仍取 0.001mm。

(3) 量规表面粗糙度值的大小，随上述因素和量规结构形式的变化而异，一般不低于光滑极限量规国标推荐的表面粗糙度数值。参数 Ra 按表 4-6 选取。

1. 选择量规的结构形式

单头双极限圆形片状卡规。

2. 量规工作尺寸的计算

由表1-1查出工件公差值IT6 = 16μm

由表1-2查出工件下偏差ei = +9μm，es = ei + IT6 = +25μm

由表4-5查出卡规的制造公差T_1 = 2.4μm，位置要素Z_1 = 2.8μm

工件及卡规公差带如图4-10所示。

卡规通端：

$$上偏差 = es - Z_1 + \frac{T_1}{2} = 25 - 2.8 + \frac{2.4}{2} = +23.4\mu m = +0.0234mm$$

$$下偏差 = es - Z_1 - \frac{T_1}{2} = 25 - 2.8 - \frac{2.4}{2} = +21.0\mu m = +0.0210mm$$

所以通端尺寸为$\phi 45^{+0.0234}_{+0.0210}$mm，也可按工艺尺寸标注为$\phi 45^{+0.0024}_{0}$mm。

卡规止端：

$$上偏差 = ei + T_1 = 9 + 2.4 = 11.4\mu m = 0.0114mm$$

$$下偏差 = ei = 9\mu m = 0.009mm$$

所以止端尺寸为$\phi 45^{+0.0114}_{+0.009}$mm，也可按工艺尺寸标注为$\phi 45^{+0.0024}_{0}$mm。

3. 量规的技术要求

量规材料可选用合金工具钢、渗碳钢等。

量规应稳定处理。

测量面不应有任何缺陷。

测量面硬度为58～65HRC。

量规的形位公差为尺寸公差的1/2。

由表 4-6 查出量规工作面的表面粗糙度 $Ra \leqslant 0.05$mm。

工作量规的工作简图如图 4-11 所示。

表 4-6　量规测量面的表面粗糙度参数 Ra 值

工作量规	工作基本尺寸/mm		
	≤120	>120～315	>315～500
	Ra / μm		
IT6 级孔用量规	≤0.025	≤0.05	≤0.1
IT6～IT9 级轴用量规 IT7～IT9 级孔用量规	≤0.05	≤0.1	≤0.2
IT10～IT12 级孔、轴用量规	≤0.1	≤0.2	≤0.4
IT13～IT16 级孔、轴用量规	≤0.2	≤0.4	≤0.4

任务实施

检验如图 4-1 所示的减速器输出轴 $\phi45m6$ 轴径(大批量生产)，设计工作量规。

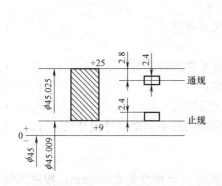

图 4-10　量规公差带图

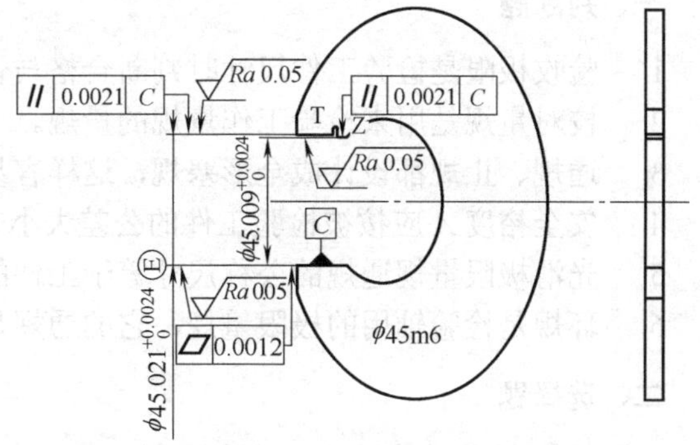

图 4-11　工作量规简图

任务三　实　　训

(1) 检验如图 4-12 所示的顶尖套筒 $\phi32H7$ 孔，确定验收极限并选择计量器具。

(2) 工作量规设计。

对图 4-12 所示的顶尖套筒孔进行检测，要求设计光滑极限量规(工作量规)。

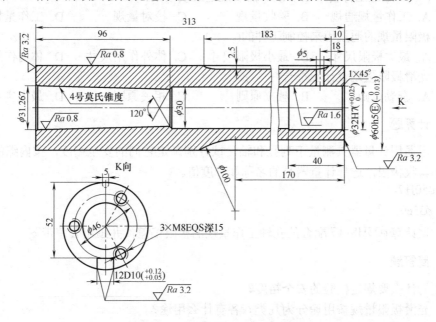

图 4-12　车床尾座顶尖套筒零件图

习　题

一、判断题

1. 验收极限是检验工件尺寸时判断合格与否的尺寸界限。　　　　　　（　　）
2. 校对量规是用来检验工作量规的量规。　　　　　　　　　　　　　（　　）
3. 通规、止规都设计成全形塞规，这样容易判断零件的合格性。　　　（　　）
4. 安全裕度 A 应按被检验工件的公差大小来确定。　　　　　　　　（　　）
5. 光滑极限量规通规的公称尺寸等于工件的最大极限尺寸。　　　　　（　　）
6. 环规是检验轴用的极限量规，它的通规是根据轴的最小极限尺寸设计的。　（　　）

二、选择题

1. 轴 $\phi60js7$，该轴的尺寸公差为 0.030mm，验收时安全裕度为 0.003mm，按照内缩公差带方式确定验收极限，则轴的上验收极限为(　　)，下验收极限为(　　)。
   A. 60.015mm　　　B. 60.012mm　　　C. 59.988mm　　　D. 59.985mm
2. 当孔轴遵守(　　)时采用光滑极限量规来检验。
   A. 独立原则　　　B. 最大实体要求　　C. 包容要求　　　D. 相关原则
3. 对检验 $\phi20g7$ 轴用量规而言下列说法正确的是(　　)。
   A. 该量规称为止规　　　　　　　　　　B. 该量规称为卡规
   C. 该量规称为验收量规　　　　　　　　D. 该量规称为塞规
4. (　　)通过工件会产生磨损，需要规定磨损极限。
   A. 工作量规通规　　B. 验收量规　　　C. 校对量规　　　D. 工作量规止规
5. 极限量规的通规用来控制工件的(　　)。
   A. 最大极限尺寸　　B. 最小极限尺寸　　C. 体外作用尺寸　　D. 体内作用尺寸
6. 光滑极限量规设计应符合(　　)。
   A. 泰勒原则　　　　B. 独立原则　　　　C. 相关原则　　　　D. 最大实体原则

三、计算题

1. 用通用计量器具测量下列孔和轴，试分别确定它们的安全裕度，按内缩的方式确定它们的验收极限，选择计量器具的名称和分度值。
   (1) $\phi50H7$。
   (2) $\phi35e9$。
2. 试计算 $\phi25H8/f7$ 配合的孔轴工作量规的极限偏差，并画出公差带图。

四、简答题

1. 为什么要规定检验的安全裕度？
2. 光滑极限量规按用途分为几类？各有什么用途？
3. 量规设计应遵循什么原则？具体内容是什么？
4. 用量规检验工件时，合格的标志是什么？

项目五　典型零件公差与检测

知识目标

- 熟悉常用零件的公差带及其特点。
- 掌握常用零件公差及配合的选用原则。
- 了解常用零件的检测方法。

能力目标

- 能够根据零件使用要求进行典型零件的尺寸公差、配合、形位公差、粗糙度的选用。
- 能够使用正确的量具和检测方法对典型零件进行检测。

任务一　螺纹公差与配合

在机械制造中，螺纹连接和传动的应用有很多，占有很重要的地位。而普通螺纹是应用最广泛的，常用于连接和紧固零件。为了让螺纹能够达到规定的使用性能，必须保证螺纹的可旋合性和连接的可靠性。

任务导入

螺纹按照结构，可分为内、外螺纹，螺纹连接的可靠性和旋合性取决于内、外螺纹的各个几何参数，而螺纹的检测也就是针对这些几何参数的检测(见图 5-1)。

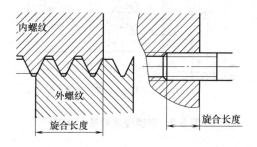

图 5-1　螺纹连接

任务分析

如图 5-1 所示，是装配图中最简单的螺纹连接。螺纹的几何参数比普通的零件要多得多，但是并不是所有的几何参数都对螺纹的互换性都有影响。因此，在进行螺纹检测时，只需要对几个重要参数进行检测即可。在进行螺纹检测之前，要掌握普通螺纹的基本知识；能进行螺纹标记的识读；认识并能正确使用螺纹的常用检测量具。例如，M20×2LH-6g5g-L，请解释其含义。

一、螺纹概述

(一) 螺纹的种类和用途

在机械生产领域，螺纹的应用十分广泛，按其结合的性质和使用要求可以分为以下三种。

(1) 紧固螺纹。也就是常说的普通螺纹，分为粗牙和细牙两种，主要用于连接或紧固零件。这类螺纹连接的使用要求是可旋合性(便于装配和拆换)和连接的可靠性。

(2) 传动螺纹。用于传递精确的位移、运动或动力。主要要求传动比恒定，传递动力可靠。传动螺纹牙型有：梯形、矩形等。

(3)紧密螺纹。紧密螺纹主要用于管道系统中的管件紧密连接，以及要求具有气密性和水密性场合的连接。主要要求具有良好的旋合性及密封性。

(二) 普通螺纹的基本牙型和几何参数

1. 基本牙型

螺纹的牙型是指在通过螺纹轴线的剖面上螺纹的轮廓形状。普通螺纹的基本牙型是将高度为 H 的原始正三角形的顶部削去 $H/8$ 和底部削去 $H/4$ 后所形成的内、外螺纹共有的理想牙型。它是规定螺纹极限偏差的基础。

普通螺纹的基本牙型如图 5-2 所示，其原始三角形为等边三角形，牙顶高为 $3H/8$，牙底高为 $H/4$，牙型高度为 $5H/8$。

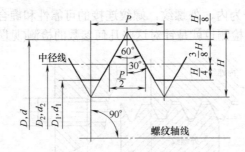

图 5-2 普通螺纹的基本牙型

2. 普通螺纹的主要几何参数

(1) 大径：与外螺纹牙顶或内螺纹牙底相切假想圆柱直径(D/d)，$D=d$。内螺纹的大径 D 又称"底径"，外螺纹的大径 d 又称"顶径"。国家标准规定：米制普通螺纹大径基本尺寸即为内、外螺纹的公称直径。

(2) 小径：与外螺纹牙底或内螺纹牙顶相切的假想圆柱直径(D_1/d_1)，且 $D_1=d_1$。内螺纹的小径 D_1 又称顶径；外螺纹的小径 d_1 又称底径。

(3) 中径：一假想圆柱的直径(D_2/d_2，且 $D_2=d_2$)，其母线通过牙型上沟槽和凸起宽度相等的地方。此假想圆柱称为中径圆柱，中径圆柱的母线称为中径线，其轴线即为螺纹轴线。

(4) 单一中径：一假想圆柱的直径(D_{2a} 和 d_{2a})，该圆柱的母线通过螺纹牙型上的沟槽宽度等于 1/2 基本螺距的地方。

(5) 螺距：是指相邻两牙在中径线上对应两点间的轴向距离。螺距的基本值用符号 P 表示。

(6) 牙型角 α 和牙型半角 $\alpha/2$：牙型角是指在螺纹牙型上，相邻两牙侧间的夹角，牙型角的基本值用符号 α 表示，如图 5-3 所示。牙型角的一半称为牙型半角，普通螺纹牙型半角为 30°。

(7) 螺纹旋合长度：是指两个相互配合的螺纹沿螺纹轴线方向相互旋合部分的长度，如图 5-4 所示。

普通螺纹的基本尺寸如表 5-1 所示。

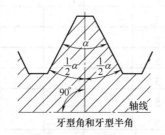

图 5-3 牙型角和牙型半角

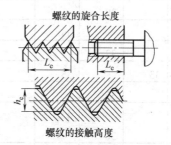

图 5-4 螺纹旋合长度

表 5-1 普通螺纹的基本尺寸 (摘自《普通螺纹 公差》(GB/T 196—2003) mm

公称直径 D、d			螺距 P								
第1系列	第2系列	第3系列	粗牙	细 牙							
				4	3	2	1.5	1.25	1	0.75	0.5
5			0.8								
	5.5										0.5
6			1							0.75	
	7		1							0.75	
8			125						1	0.75	
		9	125						1	0.75	
10			15					1.25		0.75	
		11	15						1	0.75	
				4	3	2	1.5	1.25		0.75	0.5
12			1.75				1.5	1.25	1		
	14		2				1.5	1.25	1		
		15					1.5		1		
16			2				1.5		1		
		17					1.5		1		
	18		25			2	1.5		1		
20			25			2	1.5		1		

公称直径 D、d			螺距 P								
第1系列	第2系列	第3系列	粗牙	细 牙							
				4	3	2	1.5	1.25	1	0.75	0.5
	22		25			2	1.5		1		
24			3			2	1.5		1		
	25					2	1.5		1		
		26				2	1.5				
	27		3			2	1.5		1		
		28				2	1.5		1		
30			35		(3)	2	1.5		1		
		32				2	1.5				
	33		35		(3)	2	1.5				
		35					1.5				
36			4		3	2	1.5				
		38					1.5				
	39		4		3	2	1.5				
		40			3	2	1.5				
42			4.5	4	3	2	1.5				

二、螺纹几何参数误差对互换性的影响

影响螺纹互换性的参数有：大径、中径、小径、螺距和牙型半角等 5 个参数。这几个参数在加工过程中不可避免地会产生一定的加工误差，不仅会影响螺纹的旋合性、接触高度、配合松紧，还会影响连接的可靠性，从而影响螺纹的互换性。由于螺纹旋合后主要是依靠螺牙侧面工作，如果内、外螺纹的牙侧接触不均匀，就会造成负荷分布不均，势必降低螺纹的配合均匀性和连接强度。因此对螺纹互换性影响较大的参数是中径、螺距和牙型半角。其中，主要参数是螺纹中径。

(一) 螺距误差对互换性的影响

螺距误差包括局部误差和累积误差，前者与旋合长度无关，后者与旋合长度有关，是主要影响因素。

显然，具有理想牙型的内螺纹与具有螺距误差的外螺纹将发生干涉而无法旋合，实际生产中，为保证旋合性，把外螺纹的中径减去一个数值 f_p，此 f_p 的数值称为中径补偿值。其计算公式为

$$f_p = 1.732 \mid \Delta P \Sigma \mid$$

若内螺纹具有螺距误差，为保证旋合性，应把内螺纹的中径加上一个数值 f_p。

(二) 牙型半角误差对互换性的影响

牙型半角误差也会影响螺纹的可旋合性与连接强度。同样，可将牙型半角误差转变成

中径当量 $f_{\alpha/2}$，为保证旋合性，把具有牙型半角误差的外螺纹的中径减去一数值 $f_{\alpha/2}$，把具有牙型半角误差的内螺纹的中径加上一数值 $f_{\alpha/2}$。

(三) 中径偏差对互换性的影响

内、外螺纹相互作用集中在牙型侧面，内、外螺纹中径的差异直接影响着牙型侧面的接触状态。所以，中径是决定螺纹配合性质的主要参数。若外螺纹的中径小于内螺纹的中径，就能保证内、外螺纹的旋合性，若外螺纹的中径大于内螺纹的中径，就会产生干涉，而难以旋合。但是，如果外螺纹的中径过小，内螺纹中径过大，则会削弱其连接强度。为此，加工螺纹牙型时，应当控制实际中径对其基本尺寸的偏差。

内、外螺纹相互作用集中在牙型侧面，内、外螺纹中径的差异直接影响着牙型侧面的接触状态。所以，中径是决定螺纹配合性质的主要参数。

1. 作用中径的概念

定义：在旋合长度内实际起作用的中径。

即在规定的旋合长度内，恰好包容实际外(内)螺纹的一个理想内(外)螺纹的中径为外(内)螺纹作用中径 $d_{2作用}(D_{2作用})$。表示：对于外螺纹，当有了螺距误差、牙型半角误差，就只能和一个中径增大了的内螺纹旋合，其效果相当于外螺纹实际起作用的中径增大了，这个增大了的假想中径称为作用中径，其值为

$$d_{2作用} = d_{2实际} + (f_p + f_{\alpha/2})$$

对于内螺纹，当有了螺距误差、牙型半角误差，就只能和一个中径减小了的外螺纹旋合，其效果相当于内螺纹的中径减小了，这个减小了的假想中径称为作用中径，其值为

$$D_{2作用} = D_{2作用} - (f_p + f_{\alpha/2})$$

2. 中径公差

对于普通螺纹，影响其互换性的主要参数是中径、螺距和牙型半角。由于螺距误差和牙型半角误差对螺纹互换性的影响均可以折算成中径当量，并与中径尺寸误差形成作用中径。

考虑到作用中径的存在，可以不单独规定螺距公差和牙型半角公差，而仅规定一项中径公差，用以控制中径本身的尺寸误差、螺距误差和牙型半角误差的综合影响。

3. 螺纹中径合格性判定原则

由于作用中径的存在以及螺纹中径公差的综合性，因此中径合格与否是衡量螺纹互换性的主要依据。

判断原则：实际螺纹的作用中径不允许超出最大实体牙型的中径；任何部位的单一中径不允许超出最小实体牙型的中径。

对于外螺纹：$d_{2作用} \leqslant d_{2max}$ (保证旋入)；$d_{2单一} \geqslant d_{2min}$ (保证连接强度)。

对于内螺纹：$D_{2作用} \leqslant D_{2min}$ (保证旋入)，$D_{2单一} \geqslant D_{2max}$ (保证连接强度)。

对于普通螺纹：未单独规定螺距及牙型半角公差，只规定了中径公差。

中径公差用来限制实际中径、螺距及牙型半角三个要素的误差。

三、普通螺纹的公差与配合

(一) 螺纹的公差带

螺纹公差带是牙型公差带，以基本牙型的轮廓为零线，沿着螺纹牙型的牙侧、牙顶和牙底分布，并在垂直于螺纹轴线方向来计量大、中、小径的偏差和公差。公差带由其相对于基本牙型的位置要素和大小因素两部分组成，如图 5-5 所示。

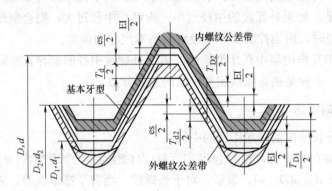

图 5-5　普通螺纹的公差带布置

1. 螺纹的公差等级(公差带的大小)

国家标准《普通螺纹　公差》(GB/T 197—2003)规定了中径、顶径公差等级。螺纹公差等级如表 5-2 所示。

表 5-2　螺纹公差等级

内 螺 纹	中径　(D_2)	4、5、6、7、8
	小径(顶径)(D_1)	
外 螺 纹	中径(d_2)	3、4、5、6、7、8、9
	大径(顶径)(d)	4、6、8

其中，3 级精度最高，9 级精度最低，6 级为基本级。

2. 螺纹公差带的位置和基本偏差

内、外螺纹的公差带位置是指公差带相对于零线的距离，它由基本偏差确定。

螺纹基本偏差的概念与《公差与配合》中的概念是一致的。基本偏差是两个极限偏差中的一个，《普通螺纹　公差》(GB 197—2003)规定外螺纹的上偏差(es)和内螺纹的下偏差(EI)为基本偏差。

根据装配和容纳镀层等不同要求，对外螺纹规定了 4 种基本偏差，其代号为 e、f、g、h，对内螺纹规定了两种基本偏差，其代号为 G、H，如图 5-6 所示。

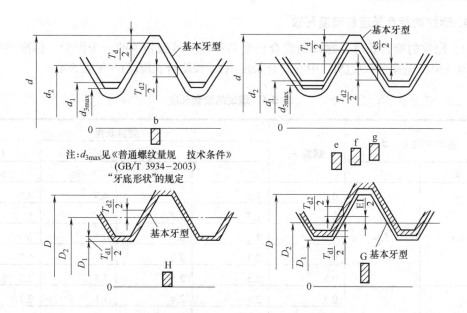

注：$d_{3\max}$见《普通螺纹量规　技术条件》
(GB/T 3934—2003)
"牙底形状"的规定

图 5-6　内、外螺纹的基本偏差

3. 螺纹公差带的大小和公差等级

普通螺纹的公差按《普通螺纹　公差》(GB/T 197—2003)规定，考虑到中径是决定配合性质的主要尺寸，以及测量方便的互换性，标准规定了内、外螺纹的中径公差(T_{D2}、T_{d2})和顶径公差(内螺纹的小径 T_{D1} 和外螺纹的大径 T_d)。

内、外螺纹的各直径疏密是不同的，主要根据各直径所起作用不同及加工的难易程度等因素确定。螺纹各公差等级对应的基本偏差和顶径公差值见表 5-3。

表 5-3　普通螺纹基本偏差和顶径公差　　　　　　　　　　　　μm

螺距 Pl/(mm)	内螺纹的基本偏差 EI		外螺纹的基本偏差 es				内螺纹小径公差 T_{D1} 公差等级					外螺纹大径公差 T_d 公差等级		
	G	H	e	f	g	h	4	5	6	7	8	4	6	8
1	+26		−60	−40	−26		150	190	236	300	375	112	180	280
1.25	+28		−63	−42	−28		170	212	265	335	425	132	212	335
1.5	+32		−67	−45	−32		190	236	300	375	475	150	236	375
1.75	+34		−71	−48	−34		212	265	335	425	530	170	265	425
2	+38	0	−71	−52	−38	0	236	300	375	475	600	180	280	450
2.5	+42		−80	−58	−42		280	355	450	560	710	212	335	530
3	+48		−85	−63	−48		315	400	500	630	800	236	375	600
3.5	+53		−90	−70	−53		355	450	560	710	900	265	425	670
4	+60		−95	−75	−60		375	475	600	750	950	300	475	750

4. 螺纹的旋合长度和精度等级

(1) 螺纹的旋合长度。螺纹的旋合长度是和精度等级相关的一个因素，标准将旋合长度分为三组：短旋合长度(S)、中等旋合长度(N)、长旋合长度(L)，见表5-4。

表5-4　螺纹的旋合长度　　　　　　　　　　　　　　　　　　　mm

基本大径 D、d		螺距 P	旋合长度			
			S		N	L
>	≤		≤	>	≤	>
2.8	5.6	0.5	1.5	1.5	4.5	4.5
		0.6	1.7	1.7	5	5
		0.7	2	2	6	6
		0.75	2.2	2.2	6.7	6.7
		0.8	2.5	2.5	7.5	7.5
5.6	11.2	0.75	2.4	2.4	7.1	7.1
		1	3	3	9	9
		1.25	4	4	12	12
		1.5	5	5	15	15
11.2	22.4	1	3.8	3.8	11	11
		1.25	4.5	4.5	13	13
		1.5	5.6	5.6	16	16
		1.75	6	6	18	18
		2	8	8	24	24
		2.5	10	10	30	30
22.4	45	1	4	4	12	12
		1.5	6.3	6.3	19	19
		2	8.5	8.5	25	25
		3	12	12	36	36
		3.5	15	15	45	45
		4	18	18	53	53

(2) 螺纹的精度等级。螺纹的精度等级是由螺纹公差带和螺纹的旋合长度两个因素决定的。标准将螺纹的精度等级分为精密级、中等级和粗糙级三种。一般以中等旋合长度下的6级公差等级作为中等精度，精密和粗糙都是相比较而言。

💡 **注意：** 螺纹的精度与公差等级在概念上是不同的。同一公差等级的螺纹，若它们的旋合长度不同，则螺纹的精度不同。因为螺纹的精度反映螺纹加工的难易程度。在同一螺纹精度下，对不同旋合长度的螺纹应采用不同的公差等级。一般情况下，S 组应比 N 组高一个公差等级；L 组应比 N 组低一个公差等级。因为 S 组的旋合长度短，螺纹的扣数少，螺距累积误差小，所以公差等级应比同精度的 N 组高一级。

四、螺纹公差带与配合的选用

用螺纹公差等级和基本偏差可以组成各种不同的公差带,如 7H 和 6g 等。内、外螺纹的各种公差带可以组成各种不同的配合,比如 6H/6g 等。在生产中,为了减少螺纹刀具和螺纹量具的规格和数量,规定了内、外螺纹的选用公差带,如表 5-5 所示。

表 5-5 普通螺纹公差与配合(摘自《普通螺纹 公差》(GB/T 197—2003))

旋合长度		内螺纹推荐公差带			外螺纹推荐公差带		
		S	N	L	S	N	L
公差精度	精密	4H	5H	6H	(3h4h)	4h* (4g)	(5h4h) (5g4g)
	中等	SH* (SG)	6H* 6G*	7H* (7G)	(5h6h) (5g6g)	6h、6g* 6f*、6e*	(7h6h) (7g6g)(7e6e)
	粗糙	—	7H (7G)	8H (8G)	—	8g (8e)	(9g8g) (9e8e)

注:大量生产的紧固螺纹,推荐采用带方框的公差带;带*的公差带应优先选用,其次是不带*号的,括号中的公差带尽量不选用。

理论上,表中的内外螺纹可以构成各种配合,但从保证足够的接触高度出发,最好选用 H/g、H/h、G/h 的配合。为保证连接强度、接触高度、装拆方便,国标推荐优先采用 H/g、H/h、G/h 配合。

对大批量生产的螺纹,为装拆方便,应选用 H/g、G/h 配合。

对单件小批量生产的螺纹,可用 H/h 配合,以适应手工拧紧和装配速度不高等使用特性。

对高温下工作的螺纹,为防止氧化皮等卡死,用间隙配合:H/g(450℃以下)、H/e(450℃以上)

对需镀涂的外螺纹,当镀层厚为 10μm、20μm、30μm 时,用 g、f、e 与 H 配合。当均需电镀时,用 G/e、G/f 配合。

五、螺纹标记

(一) 普通螺纹的标记

由螺纹代号(含螺纹公称直径、螺距);螺纹公差带代号(按中径、顶径顺序);螺纹旋合长度组成,中间用"——"隔开。即:"螺纹代号 — 螺纹公差带代号 — 螺纹旋合长度代号"。

举例:外螺纹:M20—5g6g—S

内螺纹:M20×1.5LH—6H

(二) 在零件图上

应标注单个螺纹的标记,如 M10□5g6g□S,M20×2LH□6H□40

图例如图 5-7 所示。

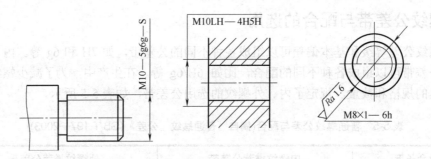

图 5-7　螺纹标记

(三) 在装配图上

应标注螺纹的配合公差，如 M20×2—6H/5g6g—S。

例题 1：说明 M40×Ph3P1.5LH—5g6g—S 的含义。

普通外螺纹，公称尺寸 40mm，螺距 1.5mm，导程 3mm，线数 2，左旋，中径公差带代号 5g，顶径公差带代号 6g。

例题 2：有一螺栓 M24×2—6h，测得其单一中径 $d_{2S}=25.6$mm，螺距误差 $\Delta P = +35\mu m$，牙型半角误差 $\Delta\alpha/2(左) = -30'$，$\Delta\alpha/2(右) = +65'$，试判断其合格性。

解：(1) 查表 5-1 得：中径基本尺寸 $d_2 = 22.701$ mm；查表 5-3 得：中径上误差 es=0；查表 5-3 得：中径公差 $T_{d2} = 170\mu m$。

经计算可得外螺纹中径极限尺寸为

$d_{2\max} = 22.701$mm，　　　　$d_{2\min} = 22.531$mm。

(2) 计算螺距累积误差和牙型半角误差的中径当量及作用中径为

$f_p = 1.732 \times 35\mu m = 0.061$mm

$f_{\alpha/2} = 0.36 \times 2 \times (|-30|+65)/2\mu m = 0.034$mm

$d_{2m} = d_{2S} + (f_p + f_{\alpha/2}) = (22.6 + 0.061 + 0.034)$mm $= 22.695$mm

(3) 判断合格性

$d_{2m} = 22.695$mm$<d_{2\max} = 22.701$mm

$d_{2S} = 22.6$mm $> d_{2\min} = 22.51$mm

故该螺纹中径合格。

六、普通螺纹的检测

(一) 单项测量

对大尺寸普通螺纹、精密螺纹和传动螺纹，除了可旋合性和连接可靠以外，还有其他精度和功能要求，生产中一般采用单项测量。

单项测量螺纹的方法很多，最典型的是用万能工具显微镜测量螺纹的中径、螺距和牙型半角。用工具显微镜将被测螺纹的牙型轮廓放大成像，按被测螺纹的影像，测量其螺距、牙型半角和中径，因此该法又称为影像法。

单针法测量螺纹中径如图 5-8 所示。

在实际生产中，测量外螺纹中径多用三针量法。该方法简单，测量精度高，应用广泛 (见图 5-9)。

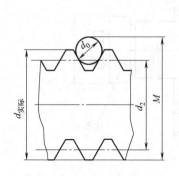 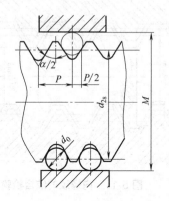 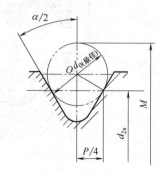

图 5-8　单针法测量螺纹中径　　　　　　　图 5-9　三针法测量螺纹中径

(二) 综合测量

用螺纹量规检验螺纹属于综合测量。在成批生产中，普通螺纹均采用综合测量法。

综合测量是根据前面介绍的螺纹中径合格性的准则(泰勒原则)，使用螺纹量规(综合极限量规)进行测量。

螺纹量规分为"通规"和"止规"，检验时，"通规"能顺利与工件旋合，"止规"不能旋合或不完全旋合，则螺纹为合格。反之，"通规"不能旋合，则说明螺母过小，螺栓过大，螺纹应返修。当"止规"能通过工件，则表示螺母过大，螺栓过小，螺纹是废品。

外螺纹的综合检验如图 5-10 所示。

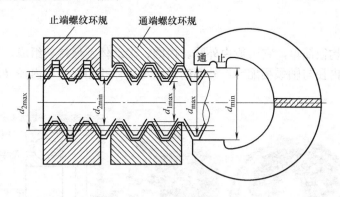

图 5-10　外螺纹的综合检验

内螺纹的综合检验如图 5-11 所示。

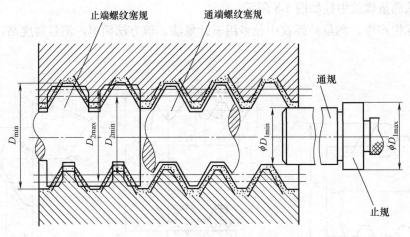

图 5-11　内螺纹的综合检验

任务解析

在螺纹标识 M20×2 LH—6g5g—L 中表示：公称直径为 $\phi20mm$ 的普通左旋米制细牙螺纹，螺距为 2mm，中径和顶径公差带分别为 6g 和 5g 的长旋合外螺纹。

任务二　滚动轴承公差与配合

轴承是支承轴颈的部件，有时也用来支承轴上的回转零件。滚动轴承是一种标准化部件，在机械制造业中应用很广泛。滚动轴承具有减小摩擦力、承受载荷以及确定零部件之间相互位置的功能。正确选用它们的配合及确定轴径和外壳孔的尺寸公差、形位公差和表面粗糙度，才能充分发挥滚动轴承的技术性能。

任务导入

滚动轴承结构很简单，它一般由外圈、内圈、滚动体及保持架组成，如图 5-12 所示。滚动轴承内圈的内径与轴颈相配合，外圈的外径与壳体孔相配合，内径 d 与外径 D 都是配合尺寸。

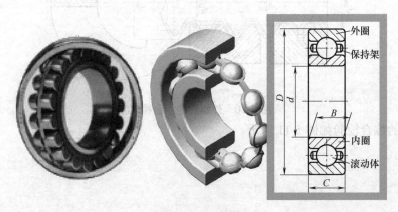

图 5-12　滚动轴承

任务分析

滚动轴承内圈的内径与轴颈相配合,外圈的外径与壳体孔相配合,内径 d 与外径 D 都是配合尺寸。滚动轴承的工作性能不仅取决于轴承本身的制造精度,而且还与相配合的轴和壳体孔的尺寸精度、形位公差和表面粗糙度等因素有关。通过学习,能够了解滚动轴承精度等级情况,滚动轴承内径与外径的公差带及其特点,并会选择合适的轴承配合。

理论知识

一、滚动轴承的公差等级及应用

(一) 滚动轴承的公差等级

《滚动轴承 通用技术规则》(GB/T 307.3—2005)国家标准规定,滚动轴承的公差等级按尺寸精度和旋转精度分级。尺寸精度指内径、外径和宽度等的尺寸公差;旋转精度指轴承内、外圈的径向圆跳动、端面对滚道的跳动、端面对内孔的跳动。向心轴承的公差等级分为0、6、5、4、2 五级。圆锥滚子轴承的公差等级分为 0、6×、5、4、2 五级。推力轴承的公差等级分为 0、6、5、4 四级。从 0 到 2 级,精度依次增高,2 级精度最高,0 级精度最低。

(二) 滚动轴承精度等级的选用

滚动轴承各级精度的应用情况如下。

0 级(通常称为普通级)——用于低、中速及旋转精度要求不高的一般旋转机构,它在机械中应用最广。例如,普通机床变速箱、进给箱的轴承,汽车、拖拉机变速箱的轴承,普通电动机、水泵、压缩机等旋转机构中的轴承等。

6 级——用于转速较高、旋转精度要求较高的旋转机构。例如,普通机床的主轴后轴承,精密机床变速箱的轴承等。

5 级、4 级——用于高速、高旋转精度要求的机构。例如,精密机床的主轴轴承,精密仪器仪表的主要轴承等。

2 级——用于转速很高、旋转精度要求也很高的机构。例如,齿轮磨床、精密坐标镗床的主轴轴承,高精度仪器仪表的主要轴承等。

二、滚动轴承公差特点

滚动轴承的内圈和外圈都是薄壁零件,精度要求很高,在制造、保管和自由状态时,容易变形(如变成椭圆形),但当轴承内圈与轴配合,外圈与外壳孔配合后,这种变形也容易得到纠正。国家标准对轴承内、外径分别规定了两种尺寸公差和两种形状公差。

两种尺寸公差是:轴承单一内径(d_s)与外径(D_s)的偏差(Δd,ΔD),轴承单一平面平均内径(d_{mp})与外径(D_{mp})的偏差(Δd_{mp},ΔD_{mp})。

两种形状公差是:控制圆度的公差(也就是单一径向平面内的内、外径变动量)和圆柱度公差(也就是内、外径变动量)。

第一特点是在众多的公差项目中起配合作用的极限偏差为一单一平面内、外径极限偏差。

第二特点是公差带对零线的配置采用单向配置,即所有公差等级的平均内、外径极限偏差都单向偏置在零线下侧,上偏差为 0,下偏差为负值,如图 5-13 所示。

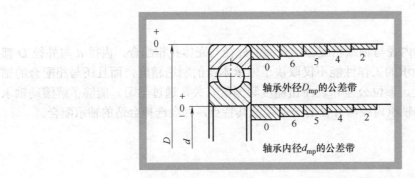

图 5-13 轴承内、外径公差带分布图

轴承内孔与轴的配合采用的是基孔制，轴承外径与外壳孔配合采用的是基轴制。尽管如此，轴承的公差带都偏置在零线以下，这主要是因为：轴承在工作过程中，一般是内圈随轴转动，为了防止相对运动而对轴承造成的磨损，配合要求有一定过盈量；轴承是薄壁零件，需要经常拆换，因此过盈量又不宜过大。假如轴承内孔的公差带与一般基准孔一样分布在零线上侧，当采用极限与配合国家标准中的过盈配合时，所得的过盈往往太大；如果改用过渡配合，又可能出现间隙，不能保证具有一定的过盈，若采用非标准配合，又违反了标准化和互换性原则。故规定基准孔公差带分布在零线以下。

三、滚动轴承与轴及外壳孔的配合

(一) 轴和外壳的尺寸公差带

轴承内圈与轴的配合采用基孔制；外圈与外壳的配合采用基轴制。极限与配合国家标准《极限与配合　公差带和配合的选择》(GB/T 1801—2009)中对于 0 级和 6 级轴承配合的轴颈规定了 17 种公差带；对外壳孔规定了 16 种公差带，如表 5-6 所示，各公差带位置如图 5-14 所示。

向心轴承内、外圈的公差带可查《滚动轴承　向心轴承　公差》(GB/T 307.1—2005)中的 Δd_{mp} 和 ΔD_{mp}。

表 5-6　滚动轴承相配合的轴和外壳孔的公差带

轴承公差等级	轴公差带		外壳孔公差带
0 级	h8		H8
	h7	r7	G7, H7, J7, JS7, K7, M7, N7, P7
	g6, h6, j6, js6, k6, m6, n6, p6, r6		H6, J6, JS6, K6, M6, N6, P6
	g5, h5, j5, k5, m5		
6 级		r7	H8
	g6, h6, j6, js6, k6, m6, n6, p6, r6		G7, H7, J7, JS7, K7, M7, N7, P7
	g5, h5, j5, k5, m5		H6, J6, JS6, K6, M6, N6, P6
5 级	k6, m6		G6, H6, JS6, K6, M6
	h5, j5, js5, k5, m5		JS5, K5, M5

续表

轴承公差等级	轴公差带	外壳孔公差带
4 级	h6, js5, k5, m5	K6
	H4, js4, k4	H5, JS5, K5, M5
2 级	h3, js3	H4, JS4, K4
		H3, JS3

注：1. 孔 N6 与 G 级精度轴承(外径 $D<150$mm)和 E 级精度轴承(外径 $D<315$mm)的配合属于过盈配合。

2. 轴 r6 用于内径 $d>120\sim500$mm；轴 r7 用于内径 $d>180\sim500$mm。

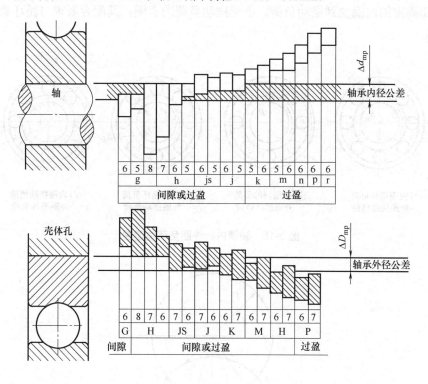

图 5-14　轴颈和外壳孔的公差带

(二) 配合的选择

正确选择轴承的配合，对保证机器正常运转、提高轴承使用寿命、充分发挥其承载能力至为重要，选择时应考虑下列因素：负荷种类、轴承类型和尺寸大小、轴承游隙、材料强度、工作环境及拆卸要求等。

1. 负荷类型

轴承转动时，根据作用于轴承上合成径向负荷相对套圈的旋转情况，可将所示负荷分为局部负荷、循环负荷和摆动负荷三类，如图 5-15 所示。

(1) 径向负荷。径向负荷始终不变地作用在套圈滚道的局部区域上。图 5-15(a)所示固定的外圈和图 5-15(b)所示固定的内圈均受到一个方向一定的径向负荷 F_0 的作用。承受这类负荷的套圈与壳体孔或轴的配合，一般选择较松的过渡配合或较小的间隙配合，以便让套圈滚道间的摩擦力矩带动转矩, 延长轴承的使用寿命。

(2) 转负荷。径向负荷相对于套圈旋转, 并依次作用在套圈滚道的整个圆周上。图 5-15(a)和图 5-15(c)的内圈, 图 5-15(b)和图 5-15(d)的外圈均受到一个作用位置依次改变的径向负荷 F_0 的作用。通常承受循环负荷的套圈与轴(或壳体孔)相配应选择过盈配合或较紧的过渡配合, 其过盈量的大小以不使套团与轴或完体孔配合表面间产生爬行现象为原则。

(3) 动负荷。大小和方向按一定规律变化的径向负荷作用在套圈的部分滚道上, 此时套圈相对于负荷方向摆动。如图 5-16 所示, 轴承受到定向负荷 F_0 和较小的旋转负荷 F_1 的同时作用, 二者的合成负荷 F 由小到大、再由大到小的周期变化。图 5-15(c)固定的外圈和图 5-15(d)固定的内圈受到摆动负荷。承受摆动负荷的套圈, 其配合要求与循环负荷相同或略松一些。

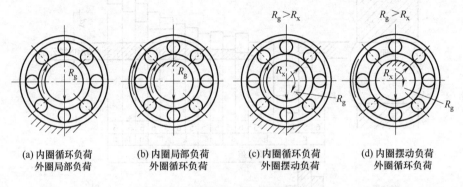

(a) 内圈循环负荷　　(b) 内圈局部负荷　　(c) 内圈循环负荷　　(d) 内圈摆动负荷
　　外圈局部负荷　　　　外圈循环负荷　　　　外圈摆动负荷　　　　外圈循环负荷

图 5-15　轴承内、外圈负荷类型图

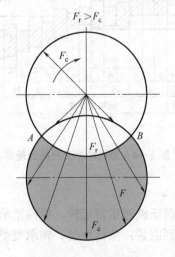

图 5-16　摆动负荷

2. 负荷大小

滚动轴承套圈与轴或外壳孔配合的最小过盈, 取决于负荷的大小。设当量径向动负荷为 P_r, 径向额定动负荷为 C_r, 两者的比值可分为轻负荷、正常负荷、重负荷三类。

轻负荷　　　　$P_r \leqslant 0.07C_r$

正常负荷　　　$0.07C_r < P_r \leqslant 0.15C_r$

重负荷　　　$P_r > 0.15C_r$

承受较重的负荷或冲击负荷时，将引起轴承较大的变形，使接合面间实际过盈减小和轴承内部的实际间隙增大，这时为了使轴承运转正常，应选择较大的过盈配合。同理，承受较轻的负荷，可选择较小的过盈配合。

3. 轴承游隙

轴承游隙是指径向游隙。国家标准《滚动轴承　径向游隙》(GB/T 4604—2012)规定，径向游隙分为5组，即：第2组、基本组、第3组、第4组和第5组，游隙依次由小到大。

游隙的大小影响较大，如果游隙过大，不仅使转轴发生径向跳动与轴向跳动，还会使轴承产生振动和噪声。相反，游隙过小，使轴承滚动体与套圈产生较大的接触应力，轴承摩擦发热，从而影响轴承工作寿命。故设计时，选用游隙要适度。

在常温状态下工作的具有基本组径向游隙的轴承，一般能保证有适度的游隙，如果因负荷较重，轴承内径选取过盈较大配合，为了补偿变形而引起的游隙过小，应选用大于基本组的轴承。

4. 轴承的旋转精度和速度

当轴承有较高旋转精度要求时，为了消除弹性变形和振动的影响，不宜选用间隙配合，但也不宜过紧。

对轴承旋转速度很高时，应选用较紧的配合。

对一些精密机床的轻负荷轴承，为了避免外壳孔和轴的形状误差对轴承精度的影响，常采用较小的间隙配合，如内圆磨床的磨头，内圈间隙$1\sim4\mu m$，外圈间隙$4\sim10\mu m$。

5. 轴承工作温度

轴承运转时，套圈温度经常高于相邻零件的温度，因此，轴承内圈可能因热膨胀而与轴松动；外圈可能因热膨胀而影响轴游动。

在选择配合时，必须考虑轴承装置各部分的温度差及热传导方向，进行适当的修正。

6. 其他因素

防止由于轴或外壳孔表面不规则形状而导致内、外圈变形。对开式外壳，与轴承外圈的配合，不宜采用过盈配合，但也不能使外圈在外壳孔内转动。为了保证有足够的支承面，当轴承安装于薄壁外壳、轻合金外壳或空心轴上时，应采用比厚壁外壳、铸铁外壳或实心轴更紧的配合。

为了便于安装与拆卸，特别对重型机械，为了缩短拆换轴承或修理机器所需的中停时间，轴承选用间隙配合。当需要采用过盈配合时，常采用分离型轴承或内圈带锥孔和紧定套或退卸套的轴承。

向心轴承和轴的配合(轴公差带代号)见表5-7。

向心轴承和外壳孔的配合(孔公差带代号)见表5-8。

表5-7　向心轴承和轴的配合(轴公差带代号)

圆柱孔轴承						
运转状态		负荷状态	深沟球轴承、调心球轴承和角接触球轴承	圆柱滚子轴承和圆锥滚子轴承	调心滚子轴承	公差带
说明	举例		轴承公称内径/mm			
旋转的内圈负荷及摆负荷	一般通用机械、电动机、机床主轴、泵、内燃机、直齿轮传动装置、铁路机车车辆轴箱、破碎机等	轻负荷	≤18	—	—	h5
			>18～100	≤40	≤40	j6①
			>188～200	>40～140	>40～100	k6①
			—	>140～200	>100～200	m6①
		正常负荷	≤18	—	—	j5js5
			>18～100	≤40	≤40	k5②
			>100～140	>40～100	>40～65	m5②
			>140～200	>100～140	>65～100	m6
			>200～280	>140～200	>100～140	n6
			—	>200～400	>140～280	p6
			—	—	>280～500	r6
		重负荷		>50～140	>50～100	n6
				>140～200	>100～140	p6③
				>200	>140～200	r6
				—	>200	r7

表5-8　向心轴承和外壳孔的配合(孔公差带代号)

运转状态		负荷状态	其他状况	公差带①	
说明	举例			球轴承	滚子轴承
固定的外圈负荷	一般机械、铁路机车车辆轴箱、电动机、泵、曲轴主轴承	轻、正常、重	轴向易移动，可采用剖分式外壳	H7，G7②	
摆动负荷		冲击	轴向能移动，可采用整体或剖分式外壳	J7，JS7	
		轻、正常		K7	
		正常、重		M7	
		冲击	轴向不移动，采用整体式外壳	J7	K7
旋转的外圈负荷	张紧滑轮、轮毂轴承	轻		K7，M7	M7，N7
		正常		—	N7，P7
		重			

注：①并列公差带随尺寸的增大从左至右选择，对旋转精度有较高要求时，可相应提高一个公差等级。
②不适用于剖分式外壳。

(三) 配合表面的其他技术要求

国家标准《滚动轴承　配合》(GB/T 275－2015)规定了与轴承配合的轴颈和外壳孔表面的圆柱度公差、轴肩及外壳孔端面的端面圆跳动公差、各表面的粗糙度要求等，如表 5-9、表5-10 所示。

表 5-9　轴和外壳孔的形位公差

基本尺寸/mm		圆柱度 t				端面圆跳动 t_1			
		轴　颈		外　壳　孔		轴　肩		外壳孔肩	
		轴承公差等级							
		0	6(6x)	0	6(6x)	0	6(6x)	0	6(6x)
大于	至	公差值/μm							
—	6	2.5	1.5	4	2.5	5	3	8	5
6	10	2.5	1.5	4	2.5	6	4	10	6
10	18	3.0	2.0	5	3.0	8	5	12	8
18	30	4.0	2.5	6	4.0	10	6	15	10
30	50	4.0	2.5	7	4.0	12	8	20	12
50	80	5.0	3.0	8	5.0	15	10	25	15
80	120	6.0	4.0	10	6.0	15	10	25	15
120	180	8.0	5.0	12	8.0	20	12	30	20
180	250	10.0	7.0	14	10.0	20	12	30	20
250	315	12.0	8.0	16	12.0	25	15	40	25
315	400	13.0	9.0	18	13.0	25	15	40	25
400	500	15.0	10.0	20	15.0	25	15	40	25

表 5-10　轴和外壳的表面粗糙度　　　　　　　　　　　　　　　　　mm

轴或轴承座直径 /mm		轴或外壳配合表面直径公差等级								
		IT7			IT6			IT5		
		表面粗糙度								
超过	到	Rz	Ra		Rz	Ra		Rz	Ra	
			磨	车		磨	车		磨	车
—	80	10	1.6	3.2	6.3	0.8	1.6	4	0.4	0.8
80	500	16	1.6	3.2	10	1.6	3.2	6.3	0.8	1.6
端面		25	3.2	6.3	25	3.2	6.3	10	1.6	3.2

任务三　键与花键公差与配合

任务导入

　　键与花键连接广泛用于轴与齿轮、皮带轮、飞轮、联轴器、手轮等旋转零件的连接，以传递扭矩和运动，实现轴上零件的周向固定。有时也用作轴上传动件的导向，如变速箱中的变速齿轮，如图 5-17 所示。

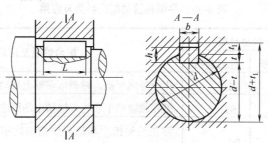

图 5-17　平键连接

任务分析

键是非常简单的常用零件，但是用途非常广泛。单键连接结构简单，只有三部分组成。如何选择平键的主要参数 b 及其尺寸公差、形位公差和粗糙度，是该部分的主要内容。

理论知识

一、单键连接

(一) 概述

键用于连接轴与轴上零件，如齿轮、带轮、联轴器等。键的种类很多，其中普通平键应用最广泛，半圆键次之。

平键又分为普通平键与导向平键，前者一般用于固定连接。平键对中性好，制造、装配均匀较方便。半圆键适用于传递较小转矩的轻载连接，常用于圆锥配合。键连接由键、轴槽和轮毂槽三部分组成，平键和键槽的剖面尺寸结构如图 5-18 所示，键连接是通过键和键槽的侧面传递转矩的，因此，其中主要配合尺寸是键和键槽的宽度尺寸 b。

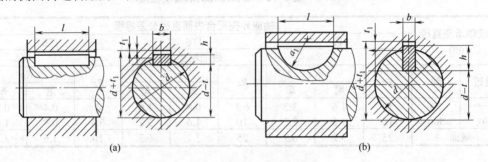

(a)   (b)

图 5-18 平键和半圆键连接

(二) 普通平键的公差与配合

由于键是标准件，因此平键连接采用基轴制配合，键尺寸的大小是根据相配合的轴的直径进行选取的。按照配合松紧程度不同，平键连接的配合种类分为较松连接、一般连接和较紧连接。各种连接的配合性质及引用场合见表 5-11。图 5-19 为键宽 b 的尺寸公差带图。

表 5-11 平键连接的配合种类及应用

配合种类	尺寸 b 的公差带			配合性质及应用场合
	键	轴键槽	轮毂键槽	
松连接	h8	H9	D10	用于导向平键，轮毂可在轴上移动
		N9	JS9	键在轴键槽中和轮毂键槽中均固定，用于载荷不大的场合
紧密连接		P9	P9	键在轴键槽中和轮毂键槽中均牢固地固定，用于载荷较大、有冲击和双向扭矩的场合

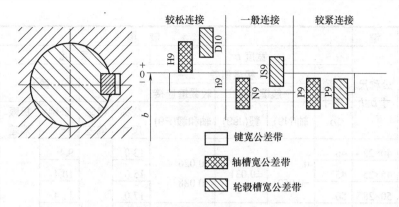

图 5-19　平键连接尺寸公差带图

平键连接中，平键及键槽剖面尺寸及公差见表 5-12 及表 5-13。键连接中其他非配合尺寸的公差带代号见表 5-14。

表 5-12　平键、键及键槽剖面尺寸及键槽公差　　　　　　　　　　　mm

轴	键	键 槽									
			宽度 b				深 度			半径 r	
				极限偏差			轴 t		毂 t_1		
				一般键连接		较紧键连接					
公称直径 d	公称尺寸 b×h	公称尺寸 b	轴(N9)	毂(Js9)	轴和毂(P9)	公称尺寸	极限偏差	公称尺寸	极限偏差	最小	最大
6~8	2×2	2	−0.004 −0.029	±0.0125	−0.006 −0.031	1.2	+0.1 0	1.0	+0.1 0	0.08	0.16
>8~10	3×3	3				1.8		1.4			
>10~12	4×4	4	0 −0.036	±0.015	−0.012 −0.042	2.5		1.8			
>12~17	5×5	5				3.0		2.3		0.16	0.25
>17~22	6×6	6				3.5		2.8			
>22~30	8×7	8	0 −0.036	±0.018	−0.015 −0.051	4.0		3.3			
>30~38	10×8	10				5.0		3.3			
>38~44	12×8	12	0 −0.043	±0.0215	−0.018 −0.061	5.0	+0.2 0	3.3	+0.2 0	0.25	0.4
>44~50	14×9	14				5.5		3.8			
>50~58	16×10	16				6.0		4.3			
>58~65	18×11	18				7.0		4.4			
>65~75	20×12	20	0 −0.052	±0.026	−0.022 −0.074	7.5		4.9			
>75~85	22×14	22				9.0		5.4			
>85~95	25×14	25				9.0		5.4		0.4	0.6
>95~110	28×16	28				10.0		6.4			
>110~130	32×18	32	0 −0.062	±0.031	−0.026 −0.088	11.0		7.4			
>130~150	36×20	36				12.0	+0.30 0	8.4	+0.30 0	0.7	1

续表

轴	键	键槽									
		宽度 b				深 度				半径 r	
		公称尺寸 b	极限偏差			轴 t		毂 t₁			
公称直径 d	公称尺寸 b×h		一般键连接		较紧键连接	公称尺寸	极限偏差	公称尺寸	极限偏差	最小	最大
			轴(N9)	毂(Js9)	轴和毂(P9)						
>150~170	40×22	40	0 −0.062	±0.031	−0.026 −0.088	13.0		9.4		0.7	1
>170~200	45×25	45				15.0		10.4			
>200~230	50×28	50				17.0		11.4			
>230~260	56×32	56	0 −0.074	±0.037	−0.032 −0.106	20.0	+0.3 0	12.4	+0.3 0	1.2	1.6
>260~290	63×32	63				20.0		12.4			
>290~330	70×36	70				22.0		14.4			
>330~380	80×45	80				25.0		15.4			
>380~440	90×45	90	0 −0.087	±0.0435	−0.037 −0.125	28.0		17.4		2	2.5
>440~500	100×50	100				31.0		19.4			

表 5-13　平键公差　　　　　　　　　　　　　　　　　　　mm

	公称尺寸	8	10	12	14	16	18	20	22	25	28
b	极限偏差 h₉	0 −0.036		0 −0.043				0 −0.052			

表 5-14　键连接其他非配合尺寸公差　　　　　　　　　　　　mm

	公称尺寸	7	8	8	9	10	11	12	14	14	16
h	极限偏差 h₁₁	0 −0.090					0 −0.110				

① 当键长与键宽比 $L/b \geqslant 8$ 时，键宽在长度方向上的平行度公差应按国家标准《形状和位置公差未注公差值》(GB1184—1996)选取：$b \leqslant 6\text{mm}$ 时取 7 级；$b \geqslant 8\sim36\text{mm}$ 取 6 级；$b \geqslant 40\text{mm}$ 取 5 级。

② 轴槽及轮毂槽的宽度 b 对轴及轮毂轴心线的对称度，一般可按国家标准《形状和位置公差未注公差值》(GB/T 1184—1996)中对称度公差 7～9 级选取。

③ 当同时采用平键与过盈配合连接，特别是过盈量较大时，则应严格控制键槽的对称度公差，以免装配困难。

表面粗糙度的选择：键槽工作面(两侧面) $Ra1.6\sim6.3\mu\text{m}$，常取 1.6、3.2、6.3；非工作面(键槽底面)$Ra6.3\mu\text{m}$。

轴槽和轮毂槽的剖面尺寸及其上、下偏差和键槽的形位公差、表面粗糙度参数值在图样上的标注如图 5-20 所示。

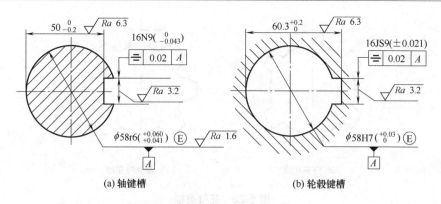

(a) 轴键槽　　　　　　　　　　　　(b) 轮毂键槽

图 5-20　键槽尺寸和公差标注

(三) 平键连接的检测

键和键槽的尺寸检测比较简单，可用各种通用计量器具测量，如千分尺、游标卡尺等通用长度计量器具。大批量生产时也可用专用的极限量规来检验。

键槽对其轴线的对称度较重要，当工艺不能保证其精度时，应进行检测，在成批生产中可用专用量规检验。

如图 5-21(a)所示，轮毂键槽对称度公差与键槽宽度的尺寸公差及基准孔孔径的尺寸公差的关系皆采用最大实体要求。这时，键槽对称度误差可用图 5-21(b)所示的键槽对称度量规检验，该量规以圆柱面作为定位表面模拟体现基准轴线，来检验键槽对称度误差，若它能够同时自由通过轮毂的基准孔和被测键槽，则表示合格。

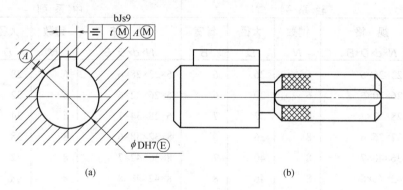

(a)　　　　　　　　　　　　　　(b)

图 5-21　轮毂键槽对称度量规

二、花键连接

(一) 概述

花键是把多个键和轴制成一个整体，花键连接是由内花键(花键孔)和外花键(花键轴)两个零件组成的。花键有如下优点：载荷分布均匀，承载能力强，可传递更大的扭矩；导向性好；定心精度高。花键连接既可固定连接又可滑动连接，在机床、汽车等机械行业中得到广泛应用。

按截面形状，花键可分为矩形花键、渐开线花键，如图 5-22 所示。

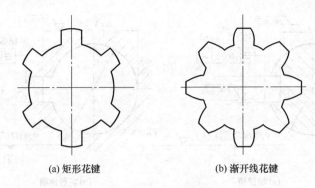

(a) 矩形花键   (b) 渐开线花键

图 5-22　花键类型

(二) 矩形花键连接的公差与配合

1. 尺寸系列

矩形花键的主要尺寸参数包括大径 D、小径 d、键宽和键槽宽 B，如图 5-23 所示。在国家标准《矩形花键尺寸　公差和检验》(GB 1144—2001)中矩形花键共分轻、中两个系列。键数规定为偶数，有 6、8、10 三种。按承载能力大小，对基本尺寸分为轻系列和中系列。同一小径系列，键数和键宽相同，中系列键高尺寸较大，承载能力强，见表 5-15 和表 5-16。

表 5-15　矩形花键基本尺寸系列(摘自 GB/T 1144—2001)　　　　　　　　　　mm

小径 d	轻 系 列				中 系 列			
	规　格 $N×d×D×B$	键数 N	大径 D	键宽 B	规　格 $N×d×D×B$	键数 N	大径 D	键宽 B
23	6×23×26×6	6	26	6	6×23×28×6	6	28	6
26	6×26×30×6	6	30	6	6×26×32×6	6	32	6
28	6×28×32×7	6	32	7	6×28×34×7	6	34	7
32	8×32×36×6	8	36	6	8×32×38×6	8	38	6
36	8×36×40×7	8	40	7	8×36×42×7	8	42	7
42	8×42×46×8	8	46	8	8×42×48×8	8	48	8
46	8×46×50×9	8	50	9	8×46×54×9	8	54	9
52	6×52×58×10	8	58	10	8×52×60×10	8	60	10
56	8×56×62×10	8	62	10	8×56×65×10	8	65	10
62	8×62×68×12	8	68	12	8×62×72×12	8	72	12
72	10×72×78×12	10	78	12	10×72×82×12	10	82	12

表 5-16　键槽的截面尺寸(摘自(GB/T 1144—2001))　　　　　　　　mm

轻 系 列					中 系 列				
规格 N×d×D×B	C	r	D_{1min}	a_{min}	规格 N×d×D×B	C	R	D_{1min}	a_{min}
			参　考					参　考	
					6×11×4×3	0.2	0.1	—	—
					6×13×16×3.5				
—	—	—	—		6×16×20×4	0.3	0.2	14.4	1.0
					6×18×22×5			16.6	
					6×21×25×5			19.5	2.0
6×23×26×6	0.2	0.1	22	3.5	6×23×28×6			21.2	1.2
6×26×30×6			24.5	3.8	6×26×32×6			23.6	
6×28×32×7			26.5	4	6×28×34×7			25.8	1.4
8×32×36×6	0.3	0.2	30.3	2.7	8×32×38×6	0.4	0.3	29.4	1.0
8×36×40×7			34.4	3.5	8×36×42×7			33.4	
8×42×46×8			40.5	5.0	8×42×48×8			39.4	2.5
8×46×50×9			44.6	5.7	8×46×54×9	0.5	0.4	42.6	1.4

2. 定心方式

理论上，矩形花键可以有三种定心方式：小径 d 定心、大径 D 定心和键侧(键槽侧)B 定心，但这样比较复杂。从加工工艺上看，小径便于磨削，可以达到较高精度。因此，在新标准中统一规定采用小径 d 作为定心尺寸(见图 5-24)，减少了定心种类。同时经热处理后的内、外花键其小径可分别采用内圆磨及成型磨进行精加工，因此可获得较高的加工及定心精度。

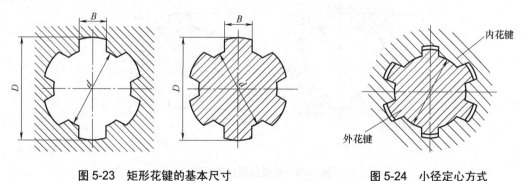

图 5-23　矩形花键的基本尺寸　　　　　图 5-24　小径定心方式

3. 公差与配合

(1) 内外花键尺寸公差带见表 5-17。一般采用内花键槽的公差又分成拉削后热处理和拉削后不热处理两种。精密传动用的内花键，当需要控制键侧配合间隙时，键槽宽的公差带可选用 H7(一般情况下选用 H9)。当内花键小径 d 的公差选用 H6 和 H7 时，允许与公差等级高一级的外花键小径相配合。

表 5-17　矩形花键的尺寸公差带

用　途	内　花　键				外　花　键			装配形式
	小径 d	大径 D	键宽 B		小径 d	大径 D	键宽 B	
			拉削后不热处理	拉削后热处理				
一般用	H7		H9	H11	f7		d10	滑动
					g7		f9	紧滑动
					h7		h10	固定
精密传动用	H5	H10	H7　H9		f5	a11	d8	滑动
					g5		f7	紧滑动
					h5		h8	固定
	H6				f6		d8	滑动
					g6		f7	紧滑动
					h6		h8	固定

外花键按装配要求的不同可分成滑动、紧滑动和固定三种形式。

尺寸 d、D 和 B 的精度等级选定后具体公差数值可根据尺寸大小及精度等级查阅标准公差数值表及轴和孔的基本偏差数值表。

(2) 花键的形状和位置公差。在大批量生产条件下，为了便于采用综合量规进行检验，花键的形位公差主要是控制键(键槽)的位置度误差(包括等分度误差和对称度误差)，并遵守最大实体原则。其标注法如图 5-25 所示，其公差值 t_1 根据键(键槽)宽度及配合性质查表 5-18。对较长的花键还需要控制键侧对轴线的平行度误差，其数值标准中未作规定，可根据产品性能要求自行规定。

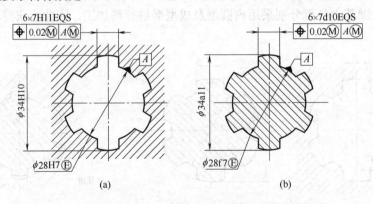

图 5-25　花键位置公差标注

表 5-18　花键位置度公差　　　　　　　　　　　　　　　　　　　　mm

键槽宽或键宽 B		3	3.5～6	7～10	12～18
键槽宽		0.010	0.015	0.020	0.025
键宽	滑动、固定	0.010	0.015	0.020	0.025
	紧滑动	0.006	0.010	0.013	0.016

对单件或小批量生产的花键需遵守独立原则，可改用检验键(键槽)宽度误差和等分度误差以代替检验位置度误差。其标注方法如图 5-26 所示，其公差值 t_2 根据键(键槽)宽和使用类型查表 5-19。

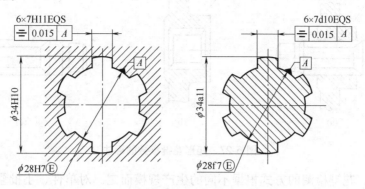

图 5-26　花键对称度公差标注

表 5-19　花键对称度公差　　　　　　　　　　　　　　　　　　mm

键槽宽或键宽 B	3	3.5～6	7～10	12～18
一般用	0.010	0.012	0.015	0.018
精密传动用	0.006	0.008	0.009	0.011

花键小径、大径及键侧的表面粗糙度数值见表 5-20。

表 5-20　花键表面粗糙度　　　　　　　　　　　　　　　　单位：mm

用途	内 花 键						外 花 键						装配形式
	小径 d		大径 D		键宽 B			小径 d		大径 D		键宽 B	
					公 差 带								
	公差带	Ra	公差带	Ra	拉削后不热处理	拉削后热处理	Ra	公差带	Ra	公差带	Ra	公差带	Ra
一般用	H7	0.8～1.6	H10	3.2	H9	H11	3.2	f7	0.8～1.6	a11		d10		滑动
								g7				f9	1.6	紧滑动
								h7				h10		固定
精密传动用	H5	0.4	H10	3.2	H7	H9	3.2	f5	0.4	a11		d8		滑动
								g5				f7		紧滑动
								h5				h8	0.8	固定
	H6	0.8						f6	0.8			d8		滑动
								g6				f7		紧滑动
								h6				h8		固定

4. 花键参数的标注及检测

(1) 标注。矩形花键在图样上的标注包括下列项目——键数 N×小径 d×大径 D×键宽 B，其各自的公差带代号和精度等级可根据需要标注在各自的基本尺寸之后。花键参数的标注示例如图 5-27 所示。

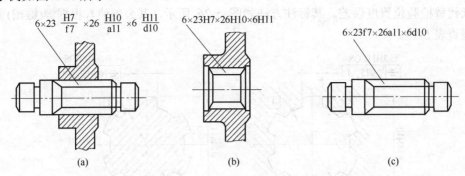

图 5-27 矩形花键参数的标注

(2) 检测。花键检测的方式根据不同的生产规模而定。对单件、小批量生产的内、外花键可用通用量具按独立原则分别对尺寸 d、D 和 B 进行尺寸误差单项测量;对键(键槽)宽的对称度及等分度分别进行形位误差测量。

对大批量生产的内、外花键可采用综合量规。内花键用综合量规如图 5-28(a)所示、外花键用综合环规如图 5-28(b)所示。按包容原则检测花键的小径 d,并按最大实体原则综合检测花键的大径 D 及键(键槽)宽,综合量规只有通端,故另需用单项量规(内花键用塞规、外花键用卡板)分别检测 d、D 和 B 的最小实体尺寸,单项量规只有止端。

检测时,综合量规能通过,单项止规不能通过时则花键合格。

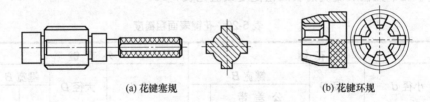

(a) 花键塞规   (b) 花键环规

图 5-28 花键综合量规

任务四　圆柱齿轮公差与配合

任务导入

齿轮传动是机械传动中最主要的一类传动,主要用来传递运动和动力。由于齿轮传动具有传动效率高、结构紧凑、承载能力大、工作可靠等特点,已广泛应用于汽车、轮船、飞机、工程机械、农业机械、机床、仪器仪表等机械产品中。

任务分析

该任务学习目的是了解圆柱齿轮的公差标准及其应用。学习要求是了解具有互换性的齿轮和齿轮副必须满足的四项使用要求;通过分析各种加工误差对齿轮传动使用要求的影响,理解渐开线齿轮精度标准所规定的各项公差及极限偏差的定义和作用;初步掌握齿轮精度等级和检验项目的选用以及确定齿轮副侧隙的大小的方法;掌握齿轮公差在图样上的标注。

理论知识

一、圆柱齿轮传动的使用要求

随着现代科技的不断发展，要求机械产品具有自身重量轻、传递功率大、转动速度快、工作精度高等特点，因而对齿轮传动提出了更高的要求。在不同的机械中，齿轮传动的精度要求有所不同，主要包括以下几个方面。

(1) 传递运动的准确性。要求一转范围内传动比的变化尽量小，以保证传递运动准确。

(2) 传动的平稳性。即保证齿轮传动的每个瞬间传动比变化小，以减小振动，降低噪声(主要控制齿轮以一齿为周期的短周期转角误差)。

(3) 荷载分布的均匀性。即要求齿轮啮合时齿面接触良好，以免引起应力集中，造成齿面局部磨损加剧，影响齿轮的使用寿命。

(4) 齿侧间隙。即保证齿轮啮合时，非工作齿面间应留有一定的间隙，如图 5-29 所示。它对储藏润滑油、补偿齿轮传动受力后的弹性变形、热膨胀以及齿轮传动装置制造误差和装配误差等都是必需的。否则，齿轮在传动过程中可能卡死或烧伤。

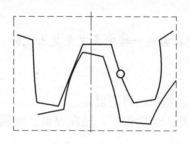

图 5-29　齿侧间隙

为了保证齿轮传动具有较好的工作性能，对上述 4 个方面均要有一定的要求。但用途和工作条件不同的齿轮，对上述 4 个方面应有不同的侧重。如对于分度机构，仪器仪表中读数机构的齿轮，传递运动的准确性是主要的。对于高速、大功率传动装置中用的齿轮，如汽轮机减速器上的齿轮，圆周速度高，传递功率大，其运动精度、工作平稳性精度及接触精度要求都很高。对于轧钢机、起重机、运输机、透平机等低速重载机械，传递动力大，但圆周速度不高，故齿轮接触精度要求较高，齿侧间隙也应足够大，而对其运动精度则要求不高。

二、齿轮加工误差的来源及其分类

螺纹公差带与尺寸公差带一样，也是由其大小(公差等级)和相对于基本牙型的位置(基本偏差)所组成。再加上螺纹的旋合长度共同组成了螺纹的精度。国家标准《普通螺纹　公差》(GB/T 197—2003)规定了螺纹的公差带。图 5-30 表示滚齿加工时主要产生误差的原因。

(一) 误差来源

1. 几何偏心 e

几何偏心是指齿坯孔与机床心轴的安装偏心(e)，是齿坯在机床上安装时，齿坯基准轴

线 O_1O_1 与工作台回转轴线 OO 不重合形成的偏心 e。工作时产生以一转为周期的转角误差，使传动比不断改变。

2. 运动偏心 e

运动偏心是指分度蜗轮轴线与工作台中心线的安装偏心(e_K)。O_2O_2 为机床分度蜗轮的轴线，它与机床心轴的轴线 OO 不重合，形成安装偏心 e_K。运动偏心并不产生径向误差，而使齿轮产生切向误差。

提示： 以上两种偏心引起的误差是以齿坯一转为一个周期，称为长周期误差。

3. 机床传动链的周期误差

对于直齿圆柱齿轮的加工，主要受传动链中分度机构各元件误差的影响，尤其是传递分度蜗轮运动的分度蜗杆的径向跳动和轴向跳动的影响。对于斜齿轮的加工，除了分度机构各元件误差外，还受差动链误差的影响。

4. 滚刀的加工误差与安装误差

滚刀本身的基节、齿形等制造误差会反映到被加工齿轮的每一齿上，使之产生基节偏差和齿形误差。

提示： 以上两种误差是在齿轮一转中多次重复出现的，称为短周期误差。

(二) 误差的分类

(1) 按周期分类：长周期误差和短周期误差。
(2) 按方向分类：径向误差、切向误差、轴向误差，如图 5-31 所示。

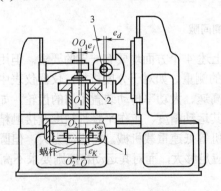

图 5-30　滚齿加工齿轮

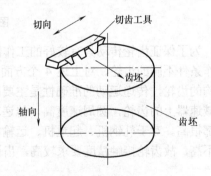

图 5-31　误差按方向分类

三、圆柱齿轮的评定指标及检测

根据齿轮精度要求，把齿轮的误差分成影响运动准确性误差、影响运动平稳性误差、影响载荷分布均匀性误差和影响侧隙的误差，并相应提出精度评定指标：①运动准确性的评定指标；②平稳性的评定指标；③接触精度的评定指标；④侧隙的评定指标；⑤齿轮副精度的评定指标。

(一) 影响运动准确性的项目(第Ⅰ公差组)

1. 切向综合误差 ($\Delta F_i'$)

切向综合误差($\Delta F_i'$)指被测齿轮与理想精确的测量齿轮单面啮合时，在被测齿轮一转内，实际转角与公称转角之差的总幅度值，如图 5-32 所示。它以分度圆弧长计值。

$\Delta F_i'$ 是指在齿轮单面啮合情况下测得的齿轮一转内转角误差的总幅度值，该误差是几何偏心、运动偏心加工误差的综合反映，因而是评定齿轮传递运动准确性的最佳综合评定指标。

但因切向综合误差是在单面啮合综合检查仪(简称单啮仪)上进行测量的，单啮仪结构复杂，价格昂贵，在生产车间很少使用。

2. 齿距累积误差(ΔF_p)及 K 个齿距累积误差(ΔF_{pk})

在分度圆上，任意两个同侧齿面间的实际弧长与公称弧长之差的最大绝对值为齿距累积误差，如图 5-33 所示。

K 个齿距累积误差是指在分度圆上，K 个齿距间的实际弧长与公称弧长之差的最大绝对值，K 为 2 到小于 $Z/2$ 的整数。

规定 ΔF_{pk} 是为了限制齿距累积误差集中在局部圆周上。齿距累积误差反映了一转内任意一个齿距的最大变化，它直接反映齿轮的转角误差，是几何偏心和运动偏心的综合结果。因而可以较为全面地反映齿轮的传递运动准确性，是一项综合性的评定项目。但因为只在分度圆上测量，故不如切向综合误差反映得全面。

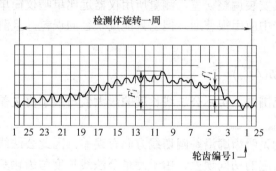

图 5-32　切向综合偏差

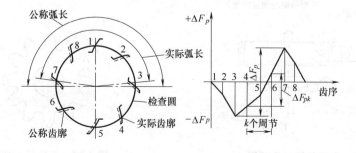

图5-33　齿距累积误差

3. 齿圈径向跳动(ΔF_r)

齿轮一转范围内,测头在齿槽内与齿高中部双面接触,测头相对于齿轮轴线的最大变动量称齿圈径向跳动。

ΔF_r 主要反映由于齿坯偏心引起的齿轮径向长周期误差。可用齿圈径向跳动检查仪测量,测头可以用球形或锥形,如图5-34所示。

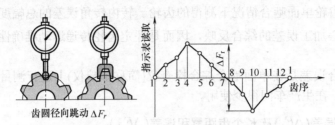

图 5-34　齿圈径向跳动的检测

4. 径向综合误差($\Delta F_i''$)

与理想精确的测量齿轮双面啮合时,在被测齿轮一转内,双啮中心距的最大变动量称为径向综合误差 $\Delta F_i''$。当被测齿轮的齿廓存在径向误差及一些短周期误差(如齿形误差、基节偏差等)时,若它与测量齿轮保持双面啮合转动,其中心距就会在转动过程中不断改变,因此,径向综合误差主要反映由几何偏心引起的径向误差及一些短周期误差。

被测齿轮由于双面啮合综合测量(见图 5-35)时的啮合情况与切齿时的啮合情况相似,能够反映齿轮坯和刀具安装调整误差,测量所用仪器远比单啮仪简单,操作方便,测量效率高,故在大批量生产中应用很普通。但它只能反映径向误差,且测量状况与齿轮实际工作状况不完全相符。

5. 公法线长度变动(ΔF_w)

在被测齿轮一周范围内,实际公法线长度的最大值与最小值之差称为公法线长度变动(见图5-36), $\Delta F_w = W_{max} - W_{min}$。

公法线长度的变动说明齿廓沿基圆切线方向有误差,因此公法线长度变动可以反映滚齿时由运动偏心影响引起的切向误差。由于测量公法线长度与齿轮基准轴线无关,因此公法线长度变动可用公法线千分尺、公法线卡尺等测量。

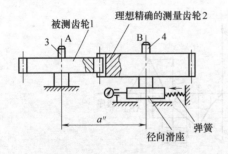

图 5-35　双啮仪工作示意图

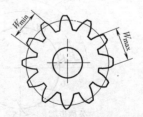

图 5-36　公法线长度变动

(二) 影响传动平稳性的项目(第α公差组)

1. 一齿切向综合误差($\Delta f_i'$)

一齿切向综合误差是指实测齿轮与理想精确的测量齿轮单面啮合时，在被测齿轮一齿距角内，实际转角与公称转角之差的最大幅度值。

$\Delta f_i'$主要反映由刀具和分度蜗杆的安装及制造误差所造成的，齿轮上齿形、齿距等各项短周期综合误差，是综合性指标。其测量仪器与测量$\Delta f_i'$相同，切向综合误差曲线上的高频波纹即为$\Delta f_i'$。

2. 一齿径向综合误差($\Delta f_i''$)

一齿径向综合误差是指被测齿轮与理想精确的测量齿轮双面啮合时，在被测齿轮一齿角内的最大变动量。

$\Delta f_i''$综合反映了由于刀具安装偏心及制造所产生的基节和齿形误差，属综合性项目。可在测量径向综合误差时得出，即从记录曲线上量得高频波纹的最大幅度值。由于这种测量受左右齿面的共同影响，因而不如一齿切向综合误差反映得那么全面。不宜采用这种方法来验收高精度的齿轮，但因在双啮仪上测量简单，操作方便，故该项目适用于大批量生产的场合。

3. 齿形误差(Δf_f)

齿形误差是在端截面上，齿形工作部分内(齿顶部分除外)，包容实际齿形且距离为最小的两条(见图5-37)。

设计齿形间的法向距离。设计齿形可以根据工作条件对理论渐开线进行修正为凸齿形或修缘齿形。齿形误差会造成齿廓面在啮合过程中使接触点偏离啮合线，引起瞬时传动比的变化，破坏了传动的平稳性。

4. 基节偏差(Δf_{pb})

基节偏差是指实际基节与公称基节之差，如图5-38所示。

一对齿轮正常啮合时，当第一个轮齿尚未脱离啮合时，第二个轮齿应进入啮合。当两齿轮基节相等时，这种啮合过程将平稳地连续进行，若齿轮具有基节偏差，则这种啮合过程将被破坏，使瞬时速比发生变化，产生冲击、振动。基节偏差可用基节仪和万能测齿仪进行测量。

5. 齿距偏差(Δf_{pt})

齿距偏差是指在分度圆上实际齿距与公称齿距之差，如图5-39所示。

齿距偏差Δf_{pt}也将和基节偏差、齿形误差一样，在每一次转齿和换齿的啮合过程中产生转角误差。

齿距偏差可在测量齿距累积误差时得到，所以比较简单。该项偏差主要由机床误差产生。

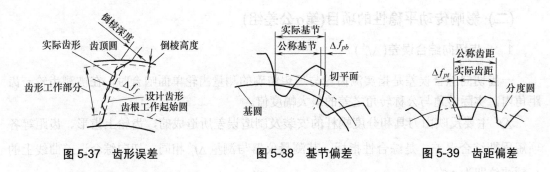

图 5-37　齿形误差　　　　图 5-38　基节偏差　　　　图 5-39　齿距偏差

6. 螺旋线波度误差($\Delta f_{f\beta}$)

螺旋线波度误差是指在宽斜齿轮齿高中部的圆柱面上，沿实际齿面法线方向计量的螺旋线波纹的最大波幅。

高精度的宽斜齿轮、人字齿轮应控制此项指标。

(三) 影响载荷分布均匀性的误差

齿轮工作时，两齿面接触良好，才能保证齿面上载荷分布均匀。在齿高方向上，齿形误差会影响两齿面的接触；在齿宽方向上，齿向误差会影响两齿面的接触。

1. 齿向误差(ΔF_{β})

在分度圆柱面上，齿宽有效部分范围内(端部倒角部分除外)，包容实际齿线且距离为最小的两条设计齿向线之间的端面距离称为齿向误差(见图 5-40)。

2. 接触线误差(ΔF_b)

接触线误差是指在基圆柱的切平面内，平行于公称接触线并包容实际接触线的两条直线间的法向距离(见图 5-41)。

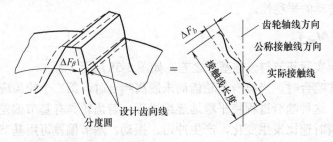

图 5-40　齿向误差　　　　　　图 5-41　接触线误差

(四) 影响齿轮副侧隙的加工误差

为使齿轮啮合时有一定的侧隙，应将箱体中心距加大或将轮齿减薄。考虑到箱体加工与齿轮加工的特点，宜采用减薄齿厚的方法获得齿侧间隙(即基中心距制)。齿厚减薄量是通过调整刀具与毛坯的径向位置而获得的，其误差将影响侧隙的大小。此外，几何偏心和运动偏心也会引起齿厚不均匀，使齿轮工作时的侧隙也不均匀。

为控制齿厚减薄量，以获得必要的侧隙，可以采用下列评定指标：齿厚偏差(ΔE_s)，公法线平均长度偏差(ΔE_{Wm})

1. 齿厚偏差(ΔE_S)

齿厚偏差是指在齿轮分度圆柱面上齿厚的实际值与公称值之差(见图 5-42)。对于斜齿轮，指法向齿厚。为了保证一定的齿侧间隙，齿厚的上偏差(E_{SS})、下偏差(E_{Si})一般都为负值。

2. 公法线平均长度偏差(ΔE_{Wm})

公法线平均长度偏差 ΔE_W 是指在齿轮一周内公法线长度平均值与公称值之差，即 $\Delta E_{Wm} = (W_1 + W_2 + \cdots + W_n)/2 - W_{公称}$。

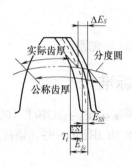

图 5-42　齿厚偏差

齿轮因齿厚减薄使公法线长度也相应减小，所以可用公法线平均长度偏差作为反映侧隙的一项指标。通常是通过跨一定齿数测量公法线长度来检查齿厚偏差的。

(五) 齿轮副的传动偏差

1. 齿轮副切向综合误差 $\Delta F_{ic}'$

齿轮副切向综合误差是指装配好的齿轮副，在啮合转动足够多的转数内，一个齿轮相对于另一个齿轮的实际转角与公称转角之差的最大幅值。以分度圆弧长计值。用于评定齿轮副的运动准确性。其计算公式为

$$F_{ic}' = F_{i1}' + F_{i2}'$$

2. 齿轮副的一齿切向综合误差 $\Delta f_{ic}'$

齿轮副的一齿切向综合误差是指装配好的齿轮副，在啮合转动足够多的转数内，一个齿轮相对于另一个齿轮的一个齿距的实际转角与公称转角之差的最大幅值，以分度圆弧长计值，用于评定齿轮副的传动平稳性。

3. 齿轮副的接触斑点

齿轮副的接触斑点是指安装好的齿轮副，在轻微制动下运转后，齿面上分布的接触擦亮痕迹，如图 5-43 所示。沿齿长方向的接触斑点主要影响齿轮副的承载能力，沿齿高方向的接触斑点主要影响工作平稳性。用于评定齿轮副的接触精度。

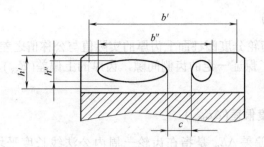

图 5-43　齿轮副的接触斑点

4. 齿轮副的侧隙

齿轮副的侧隙分为圆周侧隙和法向侧隙。

四、渐开线圆柱齿轮精度标准

齿轮的精度设计必须依据的国家标准为：GB/T 10095.1-2—2001《渐开线圆柱齿轮精度》，它代替原标准 GB 10095—88 和 JB179—83。该标准适用于平行轴传动的渐开线圆柱齿轮及其齿轮副。

齿轮的精度设计需要解决以下问题。

(1) 正确选择齿轮的精度等级。

(2) 正确选择评定指标(检验参数)。

(3) 正确设计齿侧间隙。

(4) 正确设计齿坯及箱体的尺寸公差与表面粗糙度。

(一) 精度等级

齿轮及齿轮副共规定有 12 个精度等级，用 1，2，…，12 表示。其中，1 级精度最高，12 级精度最低。3～5 级为高精度等级；6～8 级为中等精度等级；9～12 级为低精度齿轮。其中，7 级是基本级(基础级)，用一般切齿加工方法可以达到，用途最广。齿轮副一般取同一精度等级。

1. 公差组

根据齿轮的使用要求分为三个公差组。

第Ⅰ公差组	$F_i', F_p, F_{pk}, F_i'', F_r, F_w$	保证运动的准确性
第Ⅱ公差组	$f_i', f_i'', f_f, \pm f_{pt}, \pm f_{pb}, f_{f\beta}$	保证传动的平衡性
第Ⅲ公差给	F_β, F_b, F_{px}	保证载荷分布的均匀性

2. 公差组的检验组

可将同一个公差组内的各项指标分为若干个检验组，选定一个检验组对齿轮的精度进行检验。

第 I 公差组	第 II 公差给	第 III 公差组
$\Delta F_i'$	$\Delta f_i'$	ΔF_β
ΔF_p	Δf_f 与 Δf_{pb}	ΔF_b
$\Delta F_i''$ 与 ΔF_w	Δf_f 与 Δf_{pt}	ΔF_{px} 与 ΔF_b
ΔF_r 与 ΔF_w	$\Delta f_{f\beta}$	ΔF_{px} 与 Δf_f
ΔF_r	$\Delta f_i''$	
	Δf_{pt} 与 Δf_{pb}	
	Δf_{pt} 或 Δf_{pb}	

3. 检验组的选择

(1) 要与齿轮精度相适应。齿轮精度低，由机床产生的误差可不检验。齿轮精度高可选用综合性检验项目，反映全面。

(2) 要与齿轮的规格相适应。直径≤400mm 的齿轮可放在固定仪器上检验，大尺寸的齿轮一般采用量具放在齿轮上进行单项检验。

(3) 与生产规模相适应。大批量应采用综合性检验项目，以提高生产率，小批量生产一般采用单项检验。

(4) 设备条件。要考虑工厂仪器设备条件及习惯检验方法。

(二) 齿轮副的误差和检验项目

(1) Δf_x、Δf_y。

(2) Δf_a。

(3) $\Delta F_{ic}'$。

(4) $\Delta f_{ic}'$。

(5) 齿轮副的接触斑点。

(6) 齿轮副的侧隙(j_t 和 j_n)。

精度等级的选择：选择原则是在满足使用要求的前提下，尽量选用精度较低的等级。由于齿轮传动的用途和工作条件不同，具体齿轮对三个公差组的精度要求也不一致，各有其侧重点。

(1) 分度、读数齿轮：应首先计算出齿轮一转中允许的最大转角误差，由此定出第 I公差组的精度等级，然后根据工作条件确定其他精度要求。

(2) 高速动力齿轮：应首先确定第 II 公差组的精度等级。通常第III公差组的精度不宜低于第 II公差组，第 I公差组的精度也不应过低。

(3) 低速动力齿轮：首先根据强度和寿命要求确定第III公差组的精度等级，其次选择第 I、II公差组的精度等级。

(三) 齿轮副侧隙

齿轮副侧隙按齿轮工作条件决定，与齿轮的精度等级无关。

1. 侧隙的体制

(1) 采用基中心距制：齿轮副侧隙的大小主要取决于齿厚和中心距，固定中心距极限偏差，通过改变齿厚偏差而获得不同的最小侧隙。

(2) 侧隙的大小主要取决于齿厚。

(3) 侧隙用代号表示。

侧隙的代号：由齿厚极限偏差代号组成。有 14 种：C、D、E、F、G、H、J、K、L、M、N、P、R、S，其偏差依次递增。

提示： 齿轮副的最小侧隙 $j_{n\min} = j_{n1} + j_{n2}$，其中补偿温升引起变形所需的最小侧隙量：$j_{n2} = A(\alpha_1 \Delta t_1 - \alpha_2 \Delta t_2) 2\sin\alpha$。

2. 齿厚极限偏差的确定

(1) 齿厚偏差值以齿距极限偏差(f_{pt})的倍数表示(见图 5-44)。

(2) 选用两个字母组成侧隙代号。前一个字母表示齿厚上偏差，后一个字母表示齿厚下偏差。

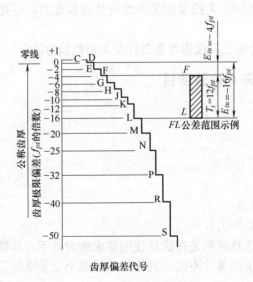

图 5-44　齿厚偏差

提示： 齿厚上偏差 E_{ss}： $E_{ss} = -\left(f_a \tan\alpha_n + \dfrac{j_{n\min} + k}{2\cos\alpha_n}\right)$

$$K = \sqrt{(f_{pb1})^2 + (f_{pb2})^2 + 2.104 F_\beta^2}$$

齿厚公差 T： $T = \sqrt{F_r^2 + b_r^2} \times 2\tan\alpha_n$

齿厚下偏差 E_{si}： $E_{si} = E_{ss} - T$

(四) 其他技术要求

(1) 齿坯精度：齿轮在加工、检验、装配时，径向基准面和轴向辅助基准面应尽量一致，通常采用齿坯内孔(顶圆)和端面为基准，其精度对齿轮的加工质量、使用性能有较大影响。齿坯精度确定查表 5-21。

(2) 基准面与安装面的几何公差见表 5-22、表 5-23。

(3) 齿轮表面粗糙度参考表 5-24。

(4) 箱体精度：参考中心距偏差表 5-25。

表 5-21 齿坯精度

齿轮精度等级		5	6	7	8	9	10	11	12
孔	尺寸公差	IT5	IT6	IT7		IT8		IT9	
轴	尺寸公差	IT5		IT6		IT7		IT8	
顶圆直径		±0.05m							

表 5-22 基准与安装面的几何公差

确定轴线的基准面	公差项目		
	圆 度	圆 柱 度	平 面 度
两个"短的"圆柱或圆锥形基准面	$0.04(L/b)F_\beta$ 或 $0.1F_p$ 取两者中之小值	—	—
一个"长的"圆柱或圆锥形基准面	—	$0.04(L/b)F_\beta$ 或 $0.1F_p$ 取两者中之小值	—
一个短的圆柱面和一个端面	$0.06F_p$	—	$0.06(Dd/b)F_\beta$

表 5-23 安装基准面的跳动公差

确定轴线的基准面	跳动(总的指示幅度)公差项目	
仅指圆柱或圆锥形基准面	$0.05(L/b)F_\beta$ 或 $0.3F_p$ 取两者中之大值	
一圆柱基准面和一端面基准面	$0.3F_p$	$0.2(Dd/b)F_\beta$

表 5-24 齿轮表面粗糙度参照
μm

精度等级	5		6		7		8		9	
齿轮齿面	硬 ≤0.8	软 ≤1.6	硬 ≤0.8	软 ≤1.6	硬 ≤1.6	软 ≤3.2	硬 ≤3.2	软 ≤6.3	硬 ≤3.2	软 ≤6.3
齿面加工方法	磨齿		磨齿或珩齿		剃或珩齿	精滚精插	插或滚齿		滚或铣齿	
齿轮基准孔	0.4~0.8		1.6		1.6~3.2				6.3	
齿轮轴基准轴颈	0.4		0.8		1.6		3.2			
齿轮基准端面	1.6~3.2		3.2~6.3				6.3			
齿轮顶圆	1.6~3.2		6.3							

表 5-25　中心距极限偏差(±f_a)　　　　　　　　　　　μm

中心距 a/mm	齿轮精度等级				
	3、4	5、6	7、8	9、10	11、12
≥6～10	4.5	7.5	11.0	18.0	45
>10～18	5.5	9.0	13.5	21.5	55
>18～30	6.5	10.5	16.5	26.0	65
>30～50	8.0	12.5	19.5	31.0	80
>50～80	9.5	15.0	23.0	37.0	90
>80～120	11.0	27.5	27.0	43.5	110
>120～180	12.5	20.0	31.5	50.0	125
>180～250	14.5	23.0	36.0	57.5	145
>250～315	16.0	26.0	40.5	65.0	160
>315～400	18.0	28.5	44.5	70.5	180
>400～500	20.0	31.5	48.5	77.5	200

(五) 齿轮精度的标注

齿轮精度的标注如下：

习　　题

一、填空题

1. 国标规定的公制普通螺纹的公称直径是指_____。

2. 国家标准除对普通螺纹除规定中径公差外，还规定了_____。

3. 滚动轴承外圈与座孔的配合为_____、内圈与轴的配合为_____。

4. _____级轴承为普通级轴承，_____轴承为高精度轴承。

5. 平键连接配合的主要参数为_____。

6. 平键连接中，键宽与键槽宽的配合采用_____。

二、选择题

1. 在普通螺纹标准中，为保证螺纹互换性规定了(　)公差。

   A. 大径，小径，中径　　　　　　　　B. 大径，中径，螺距

   C. 中径，螺距，牙型半角　　　　　　D. 中径，牙型半角

2. 螺纹量规的通端用于控制(　)，螺纹止规通端用于控制(　)。

A. 作用中径不超过最小尺寸　　　　　B. 作用中径不超过最大实体尺寸

C. 实际中径不超过最小实体尺寸　　　D. 实际中径不超过最大实体尺寸

3. 平键连接的键宽公差带为 h9，在采用一般连接，其轴槽宽与毂槽宽的公差带分别为( )。

    A. 轴槽 H9，轮毂槽 D10　　　　　　B. 轴槽 N9，轮毂槽 Js9

    C. 轴槽 P9，轮毂槽 P9　　　　　　　D. 轴槽 H7，轮毂槽 E9

4. 平键的( )是配合尺寸。

    A. 键宽与键槽宽　B. 键高与槽深　　C. 键长与槽长　　D. 键宽和键高

5. 矩形花键连接的配合尺寸有( )。

    A. 大径、中径和键(键槽)宽　　　　　B. 小径、中径和键(键槽)宽

    C. 大径、小径和键(键槽)宽　　　　　D. 键长、中径和键(键槽)宽

6. GB/T 1095—2003 规定矩形花键连接的定心方式为( )。

    A. 大径定心　　　　　　　　　　　　B. 小径定心

    C. 中径定心　　　　　　　　　　　　D. 键侧定心

7. 对高速传动齿轮(如汽车、拖拉机等)减速器中齿轮精度要求较高的为( )。

    A. 传递运动的准确性　　　　　　　　B. 载荷在齿面上分布的均匀性

    C. 传递运动的平稳性　　　　　　　　D. 传递侧隙的合理性

8. 载荷较小的正/反转齿轮对( )要求较高。

    A. 传递运动的准确性　　　　　　　　B. 传递运动的平稳性

    C. 载荷分布均匀性　　　　　　　　　D. 传动侧隙合理性

三. 问答题

1. 普通螺纹的基本参数有哪些？为什么说螺纹中径是影响螺纹互换性的主要参数？

2. 解释下列螺纹标记的含义：

(1) M12×1—5g6g—S　　(2) Tr36×12(P6)LH—6H

3. 有一螺栓 M20×2—5h，加工后测得结果为：单一中径为18.681mm，螺距累积误差的中径当量 $f_P = 0.018\text{mm}$，牙型半角误差的中径当量 $f_{\alpha/2} = 0.022\text{mm}$，已知中径尺寸为18.701mm，试判断该螺栓的合格性。

4. 滚动轴承的精度等级分为哪几级？哪级应用最广？

5. 滚动轴承内圈与轴颈的配合同国家标准《公差与配合》中基孔制同名配合相比，在配合性质上有何变化？为什么？

6. 在平键连接中，键宽和键槽宽的配合有哪几种？各种配合的应用情况如何？

7. 与单键相比，花键连接的优缺点？

8. 试说明标注为花键 $6 \times \dfrac{26\text{H}6}{\text{g}6} \times \dfrac{26\text{H}10}{\text{a}11} \times \dfrac{6\text{H}9}{\text{f}7}$ GB1144—2001 的全部含义。

9. 简述对齿轮传动的四项使用要求。其中哪几项要求是精度要求？

10. 齿轮传动中的侧隙有什么作用？用什么评定指标来控制侧隙？

项目六　尺寸链基础

知识目标

- 掌握尺寸链的基本概念。
- 熟悉尺寸链的术语和分类。
- 掌握直线尺寸链的计算方法。

能力目标

- 能建立和分析零件尺寸链。
- 能用完全互换法解尺寸链。
- 能运用尺寸链解决实际问题。

任务一　尺寸链的概念、尺寸链的分析和建立

任务驱动

车床主轴与尾座如图 6-1 所示。

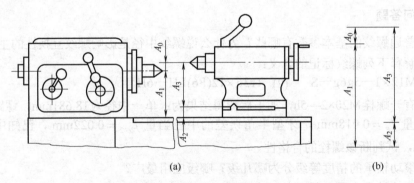

(a)　　　　　　　　　　　　　　(b)

图 6-1　车床主轴与尾座

(a) 车床；(b) 尺寸链

任务导入

(1) 掌握尺寸链的术语和分类。

(2) 会查找和建立尺寸链。

任务分析

尺寸链用于研究机械产品中尺寸之间的相互关系，分析影响装配精度与技术要求的因素，确定各有关零部件尺寸的适宜公差，从而使产品达到设计精度要求。要进行尺寸链计

算，首先要熟悉尺寸链的概念，正确查明尺寸链的组成，建立尺寸链。

理论知识

在设计、装配、加工各类机器及其零部件时，除了进行运动、刚度、强度等的分析与计算外，还需要对其几何精度进行分析与计算，以协调零部件各有关尺寸之间的关系，从而合理地规定各零部件的尺寸公差和几何公差，确保产品的质量。因此，掌握了使用尺寸链分析计算的方法，就会解决工程上的实际问题。

现从计算零件尺寸链的角度出发，根据《尺寸链计算方法》(GB/T 5847—2004)对尺寸链的有关内容作简单的介绍。

一、尺寸链概念及组成

在一个零件或一台机器的结构中，总有一些相互联系的尺寸，这些相互联系的尺寸按一定顺序连接成一个封闭的尺寸组，称为尺寸链，如图 6-2 所示。

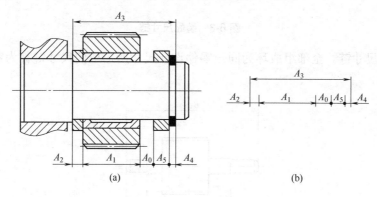

图 6-2 尺寸链

1. 尺寸链特点

(1) 封闭性：组成尺寸链的各个尺寸按一定顺序构成一个封闭系统。

(2) 相关性：其中一个尺寸变动将影响其他尺寸变动。

2. 尺寸链的组成

(1) 环：构成尺寸链的各个尺寸，如图 6-2 中的 A_0、A_1、A_2、A_3、A_4、A_5。尺寸链的环分为封闭环和组成环。

(2) 封闭环：加工或装配过程中最后自然形成的那个尺寸，如图 6-2 中的 A_0。

(3) 组成环：尺寸链中除封闭环以外的其他环，如图 6-2 中的 A_1、A_2、A_3、A_4、A_5。根据它们对封闭环影响的不同，又分为增环和减环。

(4) 增环：是指尺寸链中的组成环，该环的变动会引起封闭环同向变动，即该环增大时封闭环也增大，该环减小时封闭环也减小，如图 6-2 中的 A_3。

(5) 减环：是指尺寸链中的组成环，该环的变动会引起封闭环反向变动，即该环增大时封闭环减小，该环减小时封闭环增大，如图 6-2 中的 A_1、A_2、A_4、A_5。

二、尺寸链的分类

1. 按应用场合分类

(1) 装配尺寸链。全部组成环为不同零件设计尺寸所形成的尺寸链称为装配尺寸链，如图 6-3 所示。

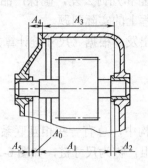

图 6-3　装配尺寸链

(2) 零件尺寸链。全部组成环为同一零件设计尺寸所形成的尺寸链称为零件尺寸链，如图 6-4 所示。

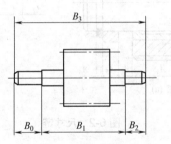

图 6-4　零件尺寸链

(3) 工艺尺寸链。全部组成环为同一零件工艺尺寸所形成的尺寸链称为工艺尺寸链，如图 6-5 所示。

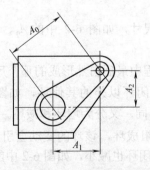

图 6-5　工艺尺寸链

2. 按各环尺寸的几何特性分类

(1) 长度尺寸链。全部环为长度尺寸的尺寸链称为长度尺寸链。

(2) 角度尺寸链。全部环为角度尺寸的尺寸链称为角度尺寸链，如图 6-6 所示。

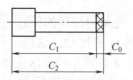

图 6-6 角度尺寸链

3. 按各环所在空间位置分类

(1) 线性尺寸链。全部组成环平行于封闭环的尺寸链称为直线尺寸链。

(2) 平面尺寸链。平面尺寸链的全部组成环位于一个或几个平行平面内，但某些组成环不平行于封闭环的尺寸链，如图 6-7 所示。

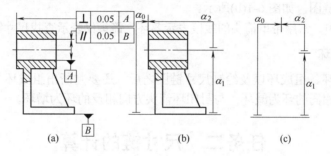

图 6-7 平面尺寸链

(3) 空间尺寸链。组成环位于几个不平行平面内的尺寸链称为空间尺寸链。

尺寸链中常见的是直线尺寸链。平面尺寸链和空间尺寸链可以用坐标投影法转换为直线尺寸链。

三、尺寸链的建立和分析

1. 确定封闭环

在零件尺寸链中，封闭环应为公差等级要求最低的环，一般在零件图上不进行标注，以免引起加工中的混乱。

在工艺尺寸链中，封闭环是在加工中最后自然形成的环，一般为被加工零件要求达到的设计尺寸或工艺过程中需要的余量尺寸。加工顺序不同，封闭环也不同。所以工艺尺寸链的封闭环必须在加工顺序确定之后才能判断。

在装配尺寸链中，封闭环就是产品上有装配精度要求的尺寸。

一个尺寸链中只有一个封闭环，可以只有增环没有减环。

在确定封闭环之后，应确定对封闭环有影响的各个组成环，使之与封闭环形成一个封闭的尺寸回路。

在建立尺寸链时应遵守"最短尺寸链原则"，即对于某一封闭环，若存在多个尺寸链时，应选择组成环数最少的尺寸链进行分析计算。

2. 查找组成环

组成环是对封闭环有直接影响的那些尺寸，与此无关的尺寸要排除在外。一个尺寸链的环数应尽量少。

查找装配尺寸链的组成环时，先从封闭环的任意一端开始，找相邻零件的尺寸，然后再找与第一个零件相邻的第二个零件的尺寸，这样一环接一环，直到封闭环的另一端为止，从而形成封闭的尺寸组。如图 6-1 所示的车床主轴和尾座装配尺寸链的建立，主轴轴线与尾座顶尖轴线的高度差 A_0 是车床的主要指标之一，为封闭环。先从封闭环的一端开始，查找车床主轴轴线高度 A_1，再查找尾座底板厚度 A_2，再查找尾座顶尖轴线高度 A_3，直到封闭环的另一端结束，这样就建立了一个封闭的尺寸链。

3. 绘制尺寸链图

为了讨论问题方便，更清楚地表达尺寸链的组成，通常不需要画出零件或部件的具体结构，也不必按照严格的比例，只需将链中各尺寸依次画出，形成封闭的图形即可，这样的图形称为尺寸链图，如图 6-1(b)所示。

在尺寸链图中，常用带单箭头的线段表示各环，箭头仅表示查找尺寸链组成环的方向。

4. 判断增减环

在确定封闭环、组成环以及绘制尺寸链图之后，还要判断出组成环中的增、减环，与封闭环箭头方向相同的环为减环，与封闭环箭头方向相反的环为增环。

任务二　尺寸链的计算

任务导入

如图 6-8 所示，根据给出的 A_1 和 A_3 的基本尺寸和极限偏差，确定 A_2 的基本尺寸和极限偏差。

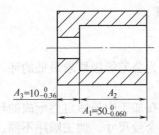

$A_3=10_{-0.36}^{0}$　　A_2

$A_1=50_{-0.060}^{0}$

图 6-8　尺寸链任务图

任务分析

按图 6-8 标出的尺寸 A_3 加工时不易测量，现改为按尺寸 A_1 和 A_2 加工，为了保证原设计要求，需确定 A_2 的基本尺寸和偏差。

理论知识

一、计算类型

1. 正计算

正计算是指已知各组成环的极限尺寸，求封闭环的极限尺寸。这类计算主要用来验算设计的正确性，故又叫校核计算。

2. 反计算

反计算是指已知封闭环的极限尺寸和各组成环的基本尺寸，求各组成环的极限偏差。这类计算主要用在设计上，即根据机器的使用要求来分配各零件的公差。

3. 中间计算

中间计算是指已知封闭环和部分组成环的极限尺寸，求某一组成环的极限尺寸。这类计算常用在工艺上。

反计算和中间计算通常称为设计计算。

二、计算方法

1. 完全互换法(极值法)

完全互换法(极值法)是指从尺寸链各环的最大与最小极限尺寸出发进行尺寸链计算，不考虑各环实际尺寸的分布情况。按此法计算出来的尺寸加工各组成环，装配时各组成环无须挑选或辅助加工，装配后即能满足封闭环的公差要求，即可实现完全互换。完全互换法是尺寸链计算中最基本的方法。

直线尺寸链基本公式：

设尺寸链的组成环数为 m ，其中 n 个增环， $m-n$ 个减环， A_0 为封闭环的基本尺寸， A_i 为组成环的基本尺寸，则直线尺寸链公式如下。

封闭环的基本尺寸

$$A_0 = \sum_{i=1}^{n} A_i - \sum_{i=n+1}^{m} A_i$$

即封闭环的基本尺寸等于所有增环的基本尺寸之和减去所有减环的基本尺寸之和：

$$A_{0\max} = \sum_{i=1}^{n} A_{i\max} - \sum_{i=n+1}^{m} A_{i\min}$$

$$A_{0\min} = \sum_{i=1}^{n} A_{i\min} - \sum_{i=n+1}^{m} A_{i\max}$$

即封闭环的最大极限尺寸等于所有增环的最大极限尺寸之和减去所有减环的最小极限尺寸之和；封闭环的最小极限尺寸等于所有增环的最小极限尺寸之和减去所有减环的最大极限尺寸之和。

封闭环的极限偏差：

$$ES_0 = \sum_{i=1}^{n} ES_i - \sum_{i=n+1}^{m} EI_i$$

$$EI_0 = \sum_{i=1}^{n} EI_i - \sum_{i=n+1}^{m} ES_i$$

即封闭环的上偏差等于所有增环的上偏差之和减去所有减环的下偏差之和；封闭环的上偏差等于所有增环的下偏差之和减去所有减环的上偏差之和。

封闭环的公差：

$$T_0 = ES_0 - EI_0 = \sum_{i=1}^{m} T_i$$

即封闭环的公差等于所有组成环公差之和。

例如，如图 6-9 所示，曲轴轴向尺寸链中，$A_1 = 43.5^{+0.10}_{+0.05}\,\text{mm}$，$A_2 = A_4 = 2.5^{\ 0}_{-0.04}\,\text{mm}$，$A_3 = 38.5^{\ 0}_{-0.07}\,\text{mm}$，试验算 A_0 是否在要求的 0.05～0.25mm 范围内。

解：(1) 画尺寸链图：

如图 6-9(b)所示，A_0 为封闭环，A_1 为增环，A_2、A_3、A_4 为减环。

(2) 封闭环的基本尺寸：

$$A_0 = A_1 - (A_2 + A_3 + A_4) = 43.5 - (2.5 + 38.5 + 2.5) = 0$$

(3) 封闭环的上下偏差：

$$ES_0 = ES_1 - (EI_2 + EI_3 + EI_4) = 0.10 - (-0.04 - 0.07 - 0.04) = +0.25\,\text{mm}$$

$$EI_0 = EI_1 - (ES_2 + ES_3 + ES_4) = 0.05 - (0 + 0 + 0) = +0.05\,\text{mm}$$

封闭环 $A_0 = 0^{+0.25}_{+0.05}\,\text{mm}$，轴向间隙为 0.05～0.25mm 之间，符合要求。

(4) 封闭环公差：

$$T_0 = T_1 + T_2 + T_3 + T_4 = 0.05 + 0.04 + 0.07 + 0.04 = 0.2\,\text{mm}$$

或 $T_0 = ES_0 - EI_0 = 0.25 - 0.05 = 0.2\,\text{mm}$

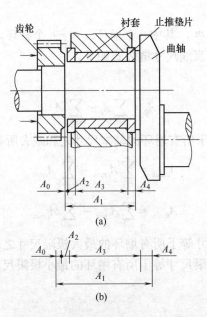

图 6-9　曲轴轴向间隙装配示意图

2. 大数互换法

大数互换法是以保证大数互换为出发点的。生产实践和大量统计资料表明，在大量生产且工艺过程稳定的情况下，各组成环的实际尺寸趋近公差带中间的概率大，出现在极限值的概率小。采用概率法，不是在全部产品中，而是在绝大多数产品中，装配时不需要挑选或修配，就能满足封闭环的公差要求，即保证大数互换。

若封闭环的公差要求很小，各组成环公差更小，使加工困难。为此，可选择下列工艺手段和方法。

3. 分组互换法

分组互换法是将各组成环的公差扩大若干倍，使组成环的加工更容易和经济，然后将全部零件通过精密测量，按实际尺寸大小分为若干组，分组数和公差扩大的倍数相同。装配时根据大配大小配小的原则，按组装配，以达到封闭环的技术要求。

4. 调整法

调整法是在组成环中选择一个环作为调整环，通过调整的方法改变其尺寸、大小和位置，使封闭环的公差和极限偏差达到要求。

采用调整法时，可使用一组有不同尺寸大小的调整环，常用垫片、垫圈或轴套等固定补偿件，如图 6-10(a)所示；能调整位置的调整环常用镶条调节螺旋副等可调补偿环，如图 6-10(b)所示。调整法装配，一般适用于精度较高或使用过程中某些零件的尺寸会发生变化的情况。

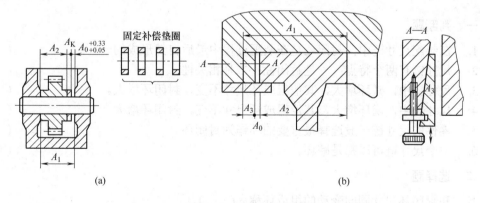

图 6-10　调整法实例

(a) 更换固定补偿件法；(b) 调整可动补偿件法

5. 修配法

修配法是各组成环按经济加工精度制造，在组成环中，选择一个作为修配环，并预留修配量。装配时，改变修配环尺寸，使封闭环的公差和极限偏差达到技术要求。

修配法一般适用于单间小批量生产，组成环数目较多，装配精度要求较高的情况。

任务实施

如图 6-8 所示，按 A_1、A_2 加工，则 A_3 为封闭环，尺寸链如图 6-11 所示。

A_1 为增环，A_2 为减环。

$\because A_3 = A_1 - A_2$

$\therefore A_2 = A_1 - A_3 = 50 - 10 = 40\text{mm}$

$\because ES_3 = ES_1 - EI_2$

$\therefore EI_2 = ES_1 - ES_3 = 0 - 0 = 0$

$\because EI_3 = EI_1 - ES_2$

$\therefore ES_2 = EI_1 - EI_3 = -0.06 - (-0.36) = +0.30\text{mm}$

所以 $A_2 = 40^{+0.30}_{0}\text{mm}$

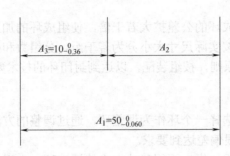

图 6-11　尺寸链

习　题

一、判断题

1. 在装配尺寸链中，封闭还是在装配过程中最后自然形成的一环。　　　　　　（　　）
2. 尺寸链有两个特点：一是封闭性；二是相关性。　　　　　　　　　　　　　（　　）
3. 尺寸链中，减环增大，其他组成环尺寸不变，封闭环增大。　　　　　　　　（　　）
4. 尺寸链中，增环增大，其他组成环尺寸不变，封闭环增大。　　　　　　　　（　　）
5. 零件的尺寸链一般选择最重要的环作为封闭环。　　　　　　　　　　　　　（　　）
6. 一个尺寸链可以都是减环。　　　　　　　　　　　　　　　　　　　　　　（　　）

二、选择题

1. 和封闭环尺寸同向变动的组成环称为(　　　)。
   A. 减环　　　　　　　　B. 增环　　　　　　　　C. 调整环　　　　　　D. 修配环
2. 对于封闭环，下列论述正确的是(　　　)。
   A. 图样上未注尺寸的环　　　　　　　　B. 在装配过程中最后自然形成的一环
   C. 精度最高的一环　　　　　　　　　　D. 尺寸链中需要求解的一环
3. 尺寸链中封闭环的公差(　　　)。
   A. 最大　　　　　　　　B. 最小　　　　　　　　C. 为0　　　　　　　　D. 为负值
4. 尺寸链中最后自然形成的环称为(　　　)。
   A. 增环　　　　　　　　B. 减环　　　　　　　　C. 封闭环　　　　　　D. 组成环
5. 对封闭环有直接影响的是(　　　)。
   A. 所有增环　　　　　　B. 所有减环　　　　　　C. 补偿环　　　　　　D. 组成环

6. 属于校核计算的是( )。

    A. 正计算   B. 反计算   C. 中间计算   D. 设计计算

三、简答题

1. 什么叫尺寸链？什么是尺寸链中的封闭环？

2. 什么叫增环？什么叫减环？如何判断增环和减环？

3. 什么是正计算、反计算、中间计算？应用场合是什么？

四、计算题

1. 如图 6-12 所示某齿轮机构，已知 $A_1 = 30_{-0.06}^{0}$ mm，$A_2 = 5_{-0.04}^{0}$ mm，$A_3 = 38_{+0.10}^{+0.16}$ mm，$A_4 = 3_{-0.05}^{0}$ mm，试计算齿轮右端面与挡圈左端面的间隙 A_0 的变动范围。

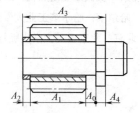

图 6-12 习题 1 图

2. 如图 6-13 所示曲轴和连轩衬套机构，要求的轴向间隙 $A_0 = 0.1 \sim 0.2$ mm，$A_1 = 150_{0}^{+0.08}$ mm，$A_2 = A_3 = 75_{-0.06}^{-0.02}$ mm。

试校核是否达到要求。

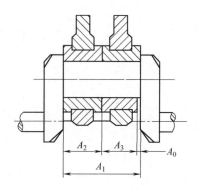

图 6-13 习题 2 图

参 考 文 献

[1] 徐茂功. 公差配合与技术测量[M]. 4 版. 北京：机械工业出版社，2012.

[2] 张秀芳. 公差配合与精度检测[M]. 北京：人民邮电出版社，2009.

[3] 黄云清. 公差配合与测量技术[M]. 北京：机械工业出版社，2001.

[4] 薛彦成. 公差配合与技术测量[M]. 北京：机械工业出版社，1993.

[5] 王玉. 机械精度设计与检测技术[M]. 北京：国防工业出版社，2005.

[6] 机械设计手册编委会. 机械设计手册[M]. 北京：机械工业出版社，2005.

[7] 中华人民共和国国家标准[M]. 北京：中国标准出版社，2006.

[8] 方昆凡. 公差与配合实用手册[M]. 北京：机械工业出版社，2006.

[9] 刘品. 机械精度设计与检测基础[M]. 哈尔滨：哈尔滨工业大学出版社，2004.

[10] 马霄. 互换性与测量技术基础[M]. 北京：北京理工大学出版社，2008.